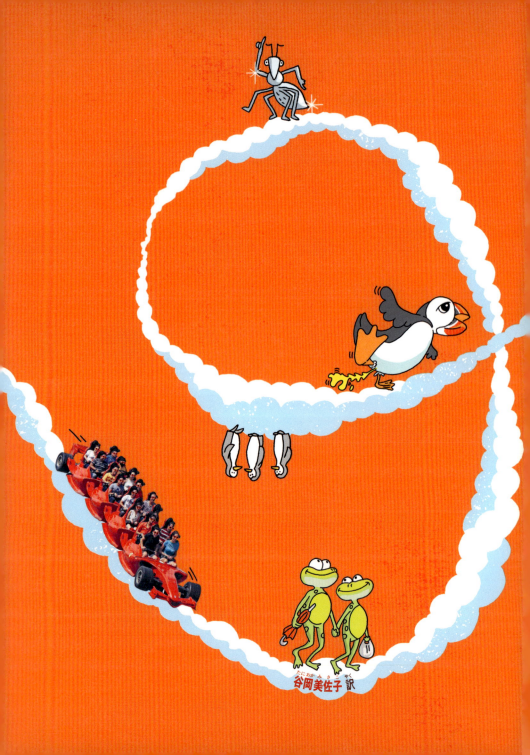

BRITANNICA BOOKS

世界もっとおどろき
探検隊!

知れば知るほどスゴイ400の事実を追え!

ケイト・ヘイル 文

アンディ・スミス 絵

実務教育出版

もくじ

朝・8

太陽・10

北極オーロラ・12

北極・14

トリビアいろいろ・16

洞窟・18

コウモリ・20

果物・22

種・24

花・26

ハチ・28

ハチミツ・30

古代エジプト・32

ネコ・34

イヌ・36

世界一、奇想天外なレストラン・38

海・40

トリビアいろいろ・42

クジラ・44

大むかしの動物・46

サメ・48

皮ふ・50

カモフラージュ（擬態）・52

におい・54

脳・56

クラゲ・58

毒・60

ヘビ・62

舌・64

筋肉・66

お尻・68

うんち・70

鳥・72

ヤバい家・74

トリビアいろいろ・76

鏡・78

天才的な動物たち・80

大型類人猿・82

飛行機・84

つばさ・86

トリビアいろいろ・88

世界記録・90

顕微鏡の世界・92

トリビアいろいろ・94

ティラノサウルス・レックス・96

スポーツ・98

野菜・100

宇宙飛行士・102

月・104

重いもの・106

軽いもの・108

羽・110

トリビアいろいろ・112

ゾウ・114

動物たちの
コミュニケーション・116

ちょっと変わった
楽器・118

うるさいもの・120

静かなもの・122

図書館・124

ライオン・126

体毛・128

ヘンな競技・130

トリビアいろいろ・132

ダンス・134

歴史上のなぞ・136

ヘンな形・138

トリビアいろいろ・140

耳・142

砂漠・144

アリ・146

船・148

バナナ・150

とくべつな日・152

砂糖とお菓子・154

電気・156

雷・158

すごい湖・160

公園・162

宝石・164

惑星・166

異常気象・168

カエル・170

ジャンプ・172

トリビアいろいろ・174

タコ・176

血・178

滝・180

背が高いもの・182

短いもの・184

トリビアいろいろ・186

雲・188

帽子・190

よろいとかぶと・192

ウマ・194

キノコと菌・196

夜・198

さくいん・200
探検隊の人たち・205
資料・206
画像クレジット・207

どろきの世界へ、おかえり！

度肝を抜かれるような、愉快で、とんでもない「おどろきの事実」を求めて、また新たな探検の旅に出よう！
たとえば…

知ってた？
宇宙飛行士たちは、月で
ゴルフをしたことがあるんだ。

宇宙飛行士といえば、
宇宙に滞在しているあいだ、
宇宙飛行士たちの
背は高くなるんだって！

背が高いといえば、
世界一大きな雪だるま。
その腕はなんと、
2本の木でできていた！

木は、ただの飾りものじゃない。森のなかで木々は、
「ウッド・ワイド・ウェブ」と呼ばれる菌類の
ネットワークを通して、お互い対話をしているんだ。

菌類といえば、
暗闇で光るキノコが
あるって、知ってた？

もう気づいたかもしれないけれど、この本には「しかけ」がある。
ひとつの事実から次の事実へと、
思いもしない楽しい形でつながっているんだ。.

トイレの事実がアイスクリームの事実につながっていて、同じように
トウガラシ、古代エジプト、綱引き、月……と、次々つながっていくんだ。
さあ、ページをめくって、なにを発見できるか探してみよう！

探検の道はひとつだけじゃない、ページを進んでいくと、ところどころに
分かれ道があって、ひょいっと前にもどったりぴょんと先に飛んだりして、
全然ちがうところ（でも、つながっているところ）に行くことだってできる。

きみの好奇心のおもむくまま、ページをめくって探検していこう。
もちろん、ひとまずここからページ順に探検していくのだってぜんぜんありだ
たとえば、ぴょんぴょん跳ねるやつらについて知りたければ、寄り道していいんだ

170 ページへ

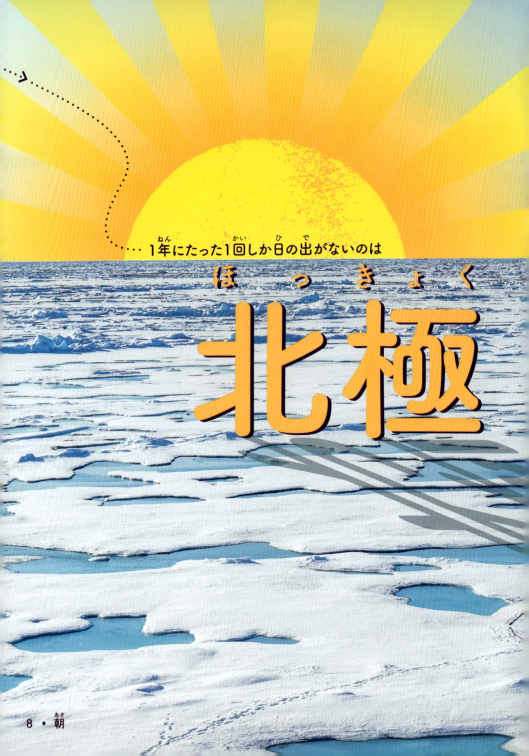

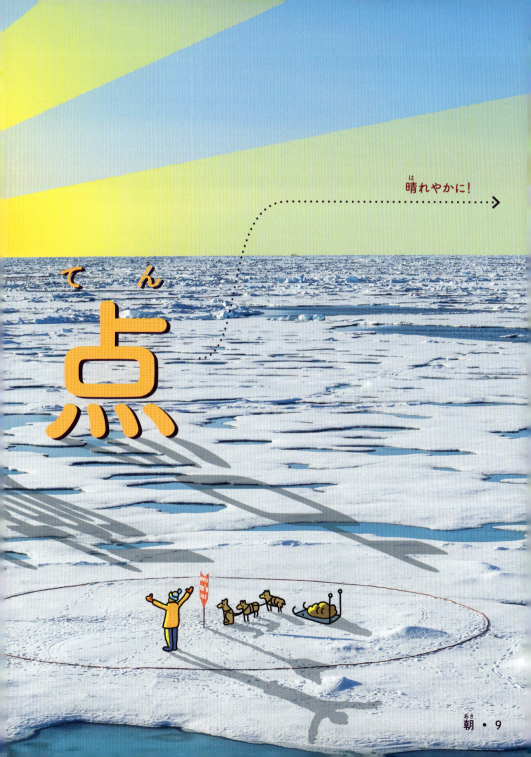

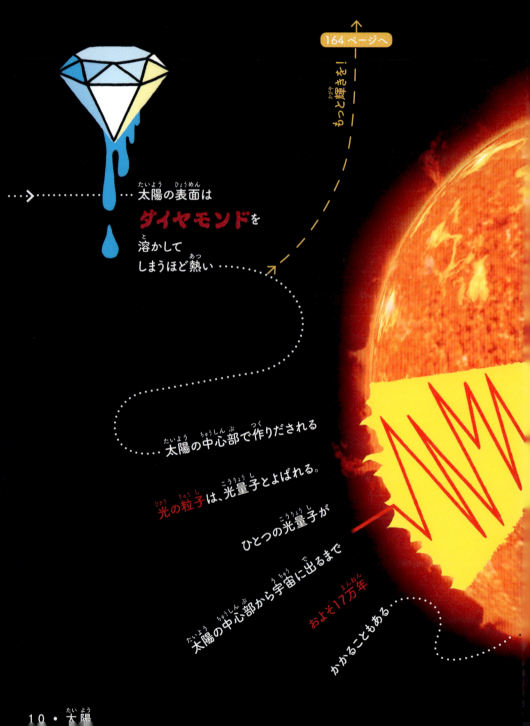

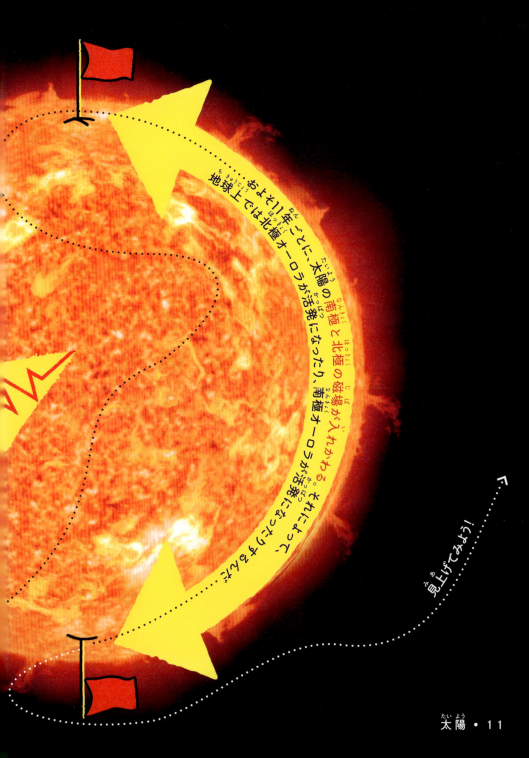

およそ11年ごとに、太陽の南極と北極の磁場が入れかわる。それによって、地球上では北極オーロラが活発になったり、南極オーロラが活発になったりするんだ。

見上げてみよう！

太陽・11

北極圏ではオーロラの音が聞こえるという人がいるんだって

12・北極オーロラ

142ページへ

すごい耳！

北極圏のあるホテルでは、オーロラがよく見えるように、客室がガラスのイグルー（イヌイット族の雪の家）になっている……

北極海の氷は、ベッドのマットレスを10枚積み重ねたくらいの厚さになることがある…

北極海にすむイッカクは、長くとがった牙にちなんで「海のユニコーン」とも呼ばれる。牙が2本あるイッカクもいるんだって…

まだ氷山の一角

北極海ではフロストフラワーと呼ばれる氷の結晶ができることがある。これは海水の3倍以上もしょっぱくて、何百万もの微生物の住みかになっているんだ…

およそ7億年前の地球は、まるごと氷に覆われていたかもしれないと科学者たちは考えている。これは「スノーボールアース仮説」と呼ばれている。

日本では毎年、スノーボール（雪玉）を使う国際雪合戦大会が開かれている。火山のふもとの雪原で行われるんだ。

わずかな量ではあるけれど、金は、すべての携帯電話に使われている。

1台の携帯電話には、平均してトイレの便座の10倍に上るばい菌が付いているんだって。

ある宝石職人が、モノポリーというゲームの約3億円もするバージョンを作った。サイコロの目はダイヤモンド、ゲームボードは金でできている。

「ハリー・ポッター」シリーズの架空の城、ホグワーツ魔法魔術学校には、階段が142か所ある。

トイレは、中世ヨーロッパの城では、ガードローブと呼ばれていた。

世界でいちばん長い階段は1万1674段で、スイスの山にある。

16 ・ トリビアいろいろ

地球上で最も規模の大きい火山の噴火から排出されたほこりによって、月が青く見えたといわれている。

英語で「青いクジラ」と呼ばれるシロナガスクジラは、1600km離れた仲間と意思を伝え合うことができる。

科学者たちはクジラの耳のあかから、クジラの年齢を知ることができる。

耳垢は、耳のあかを意味する医学用語。英語では「耳のワックス」と呼ばれるけれど、ワックスではない。皮膚細胞や汗、よごれ、皮脂という脂肪性の物質の組み合わせでできている。

アメリカンフットボールの選手がかく汗の量は、1ゲームで4kgにもなることがある。

アメリカのハワイ州にあるマウナ・ケア山は、じつは地球でいちばん高い山!?エベレストより1.3kmも高いけれど、半分以上が海の中に沈んでいるんだ。

波が岩を少しずつ削ることによって、海では数千年以上かけて「海食洞」という洞窟ができることがある。天井の小さな穴から水を吹き出す潮吹き穴のあるものもある。

中に進め!

トリビアいろいろ・17

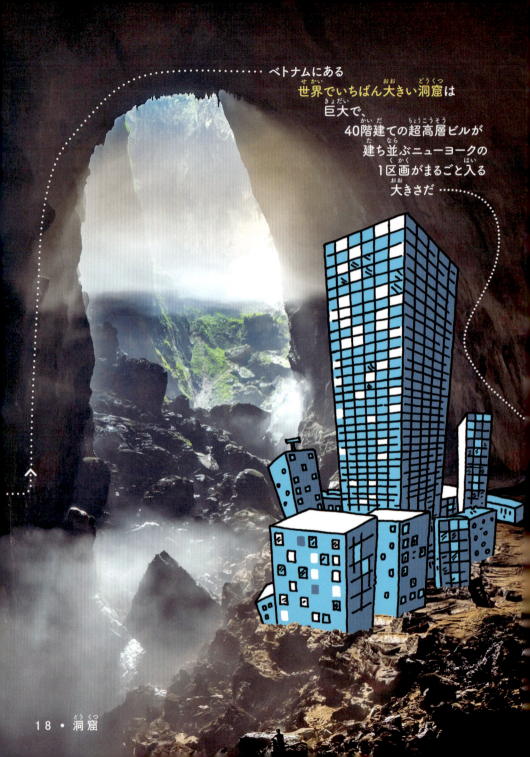

ベトナムにある
世界でいちばん大きい洞窟は
巨大で、
40階建ての超高層ビルが
建ち並ぶニューヨークの
1区画がまるごと入る
大きさだ……

18 • 洞窟

コウモリのなかには1000匹もの虫をたった1時間で食べてしまう種もいる

1年のうちのある期間、150万匹以上のメキシコオヒキコウモリが、アメリカの

アボカドは植物学上、

の一種なんだ・・・

ピンクパールりんごの果肉はあざやかなピンク色

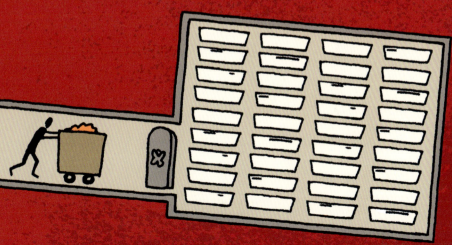

北欧の
ノルウェー
の領土の島の
山中にある、
スヴァールバル
世界種子貯蔵庫は、地球の危機に
耐えられるように設計されていて、
100万個以上の種のサンプルを保管している……

花ひらけ〜

134ページへ
いってみよう！

マルハナバチのなかには、植物の葉を噛んで花を早く咲かせるものもいる

ミツバチは「8の字ダンス」という動きをすることで、仲間に花の場所を教える

454グラムの ハチミツ を 作る ために、

28・ハチ

ミツバチは 200万回も 花に 取りに行かなければ ならない……

ミツバチは、花の蜜がなくてもハチミツをつくることがある。フランスのミツバチが、M&M'sというカラフルなチョコレートのかけらを食べたあとハチミツをつくり、そのハチミツは青色や緑色だった…

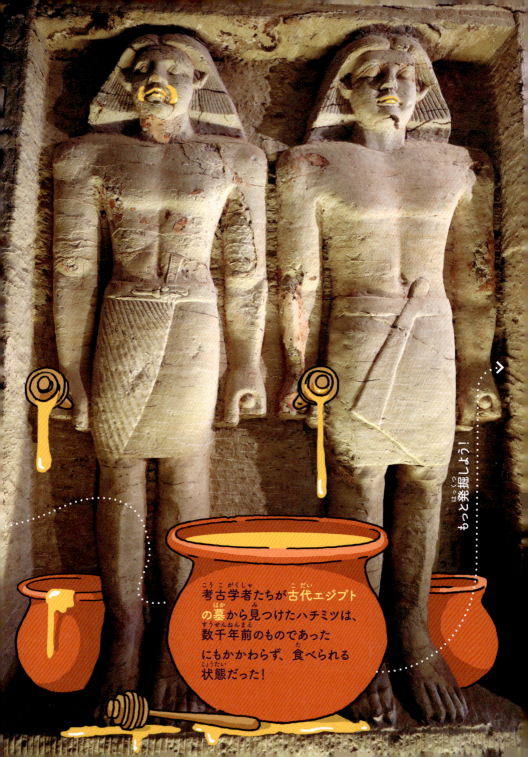

32・古代エジプト

猫かぶり〜

古代エジプト人は
飼いネコが亡くなったあと、
ミイラにすることがあった……

古代エジプト・33

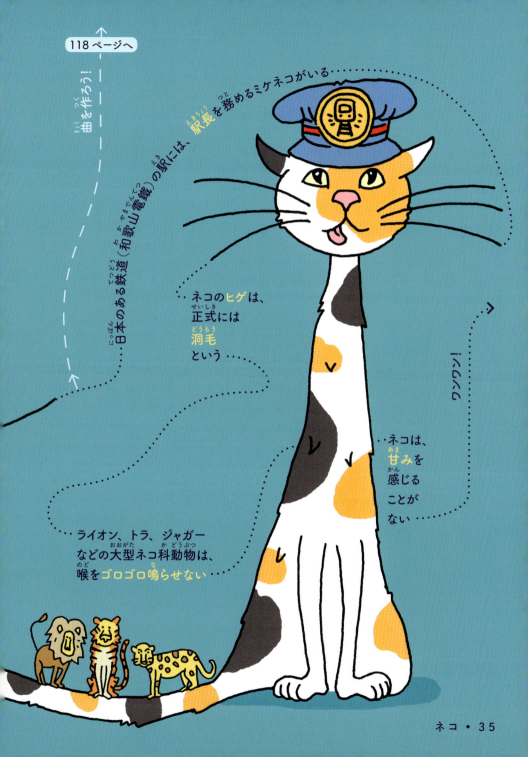

あくびは人から人にうつるけれど、イヌと飼い主の間でもうつる

ダルメシアンの赤ちゃんは、生まれたときは真っ白。成長するにつれて水玉模様が出てくる

イヌは肉球からしか汗をかかない

イヌ用の特別メニューを用意しているレストランもある。カリフォルニア州のお店では、ホットドッグ、ハンバーガーのパテ、「おりこうな犬」用のステーキまである……

おなかすいた？

イヌも夢を見る

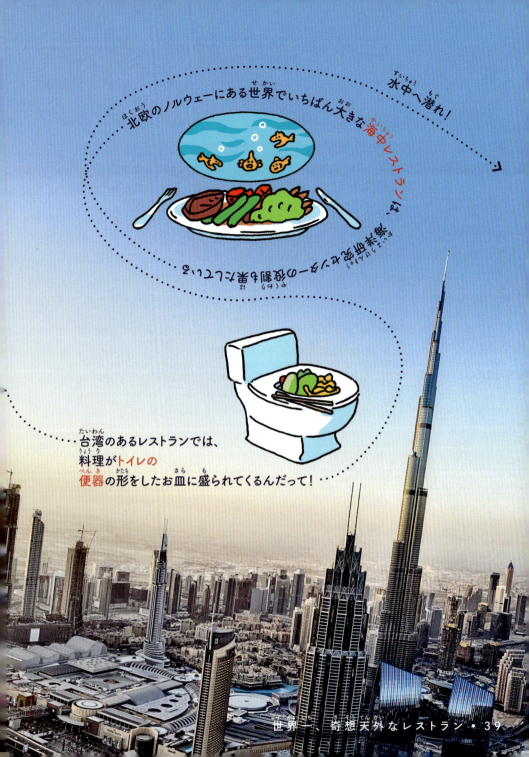

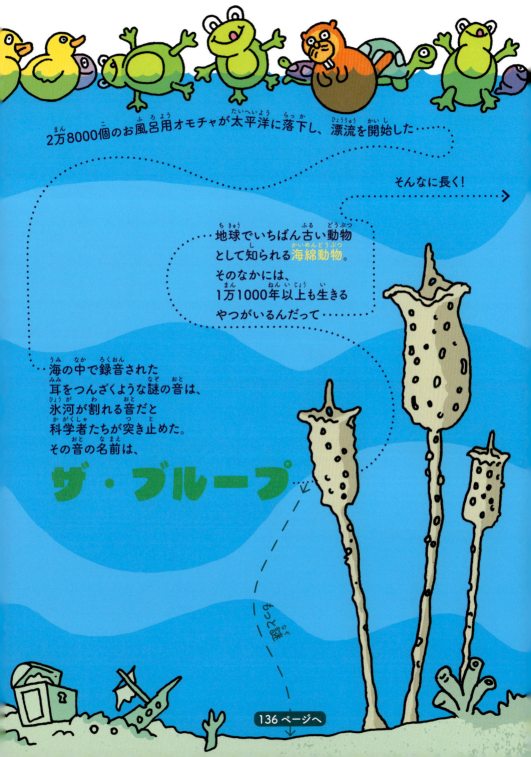

「メトセラ」は、アメリカのカリフォルニア州で5000年近く生き続けている樹木で、イガゴヨウという松の一種。古代エジプトのピラミッドより古い。

メキシコにあるマヤ文明のククルカンピラミッドでは、年に2回（春分と秋分の日の前後）、太陽が西に傾くと、すべるように進む巨大なヘビのような影が現れる。

世界には、ピンク色をした砂浜もある。砂つぶに微小動物の貝殻が混じっているからなんだ。

土星の輪は、氷と岩からできている。砂つぶほど小さいものから、山のように大きい塊まであるんだって。

科学者たちは、大むかしは火星にも土星のような輪があったと考えている。

オオシャコガイの二枚貝は、およそ250kgに達することがある。おとなのジャイアントパンダ2頭分より重いぞ。

古代アイルランドの人たちは、バターを食料の保存に適した湿地帯の泥沼に埋めていたんだって。

生まれたてのジャイアントパンダの赤ちゃんは、スーパーで買えるバター1箱より軽い。

おとなのアンキロサウルスの尾は、ゴルフクラブにみたいな形。プロ野球選手がバットでヒットを打つときの350倍もの強さで、尻尾を打ちつけていたらしい。

ヘビのアナコンダを、科学者たちは個体識別することができる。尾の下側のうろこ模様が一匹ごとに違うんだ。

メジャーリーグの試合で使われる野球ボールはすべて、アメリカのニュージャージー州にある、秘密の場所で採れた特別な泥でこねられる（すべり止め）。

笑っているように見えるため、「ハッピーフェイス」と呼ばれるクレーターが火星にある。

泥の温泉に入れるのは、コロンビアの火山のクレーターのなか。

イギリスのウェールズでは毎年、世界泥沼シュノーケリング選手権大会が開かれている。参加者たちは、シュノーケルや足ヒレを着けて、ときには奇抜なコスプレで泥水のなかを泳ぐ。

ザトウクジラの胸ビレは、なめらかでなくデコボコしている。科学者たちは「結節」と呼ばれるこの大きなコブを研究して、もっと空気力学的な飛行機の翼を作ろうとしている。

トリビアいろいろ・43

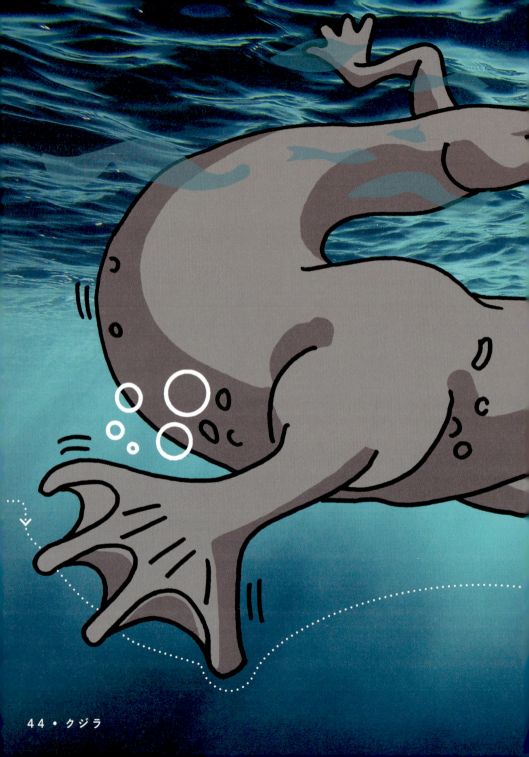

44・クジラ

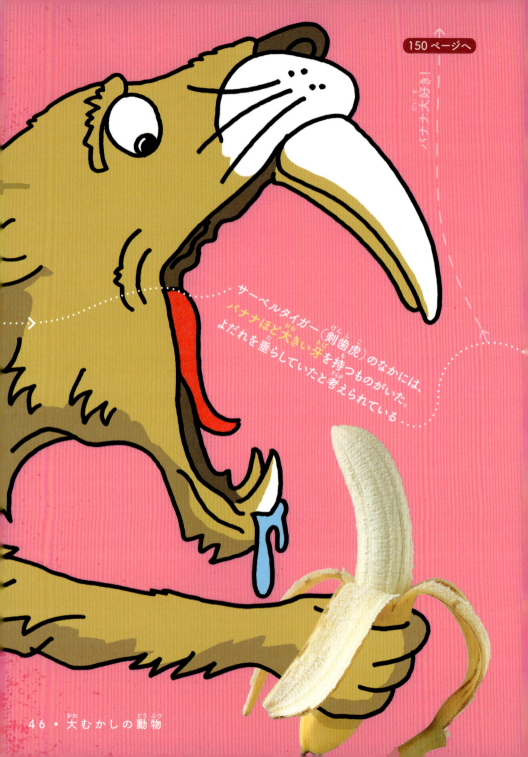

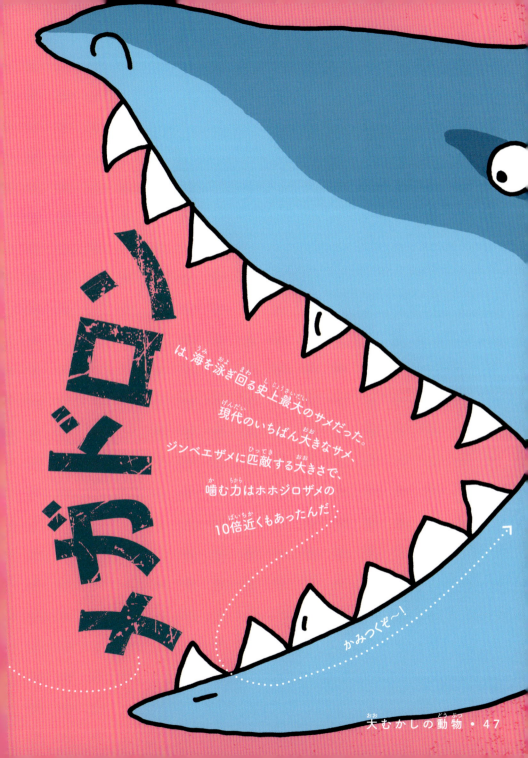

メガロドンは、海を泳ぎ回る史上最大のサメだった。現代のいちばん大きなサメ、ジンベエザメに匹敵する大きさで、噛む力はホホジロザメの10倍近くもあったんだ。

かみつくぞ〜!

大むかしの動物・47

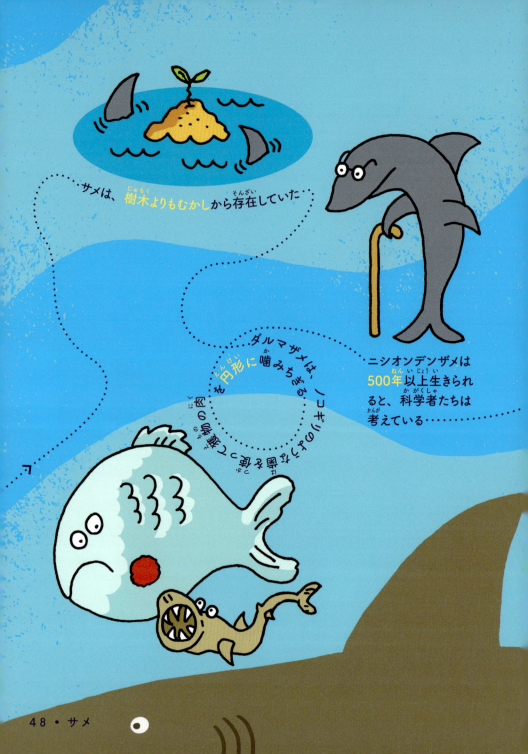

・サメのなかには、殻に入った卵を産むものがいるんだって。この殻は「人魚のバッグ」と呼ばれ、ヒトの爪をつくるケラチンと同じ物質でできている……

……皮ふってぼこぼこ

・サメの皮ふはツルツルに見えることもあるけれど、小さな歯のようなウロコでできているため、紙やすりみたいにザラザラしている……

サメ・49

カメムシの仲間の
サシガメは、アリの死骸
を背負って捕食者から
身を隠すことがある

白黒もようの蛾の幼虫は、
丸くなって自分を
鳥のフンに見せかけて、
おなかをすかせた鳥たちから
身を守るんだ

52 ・ カモフラージュ（擬態）

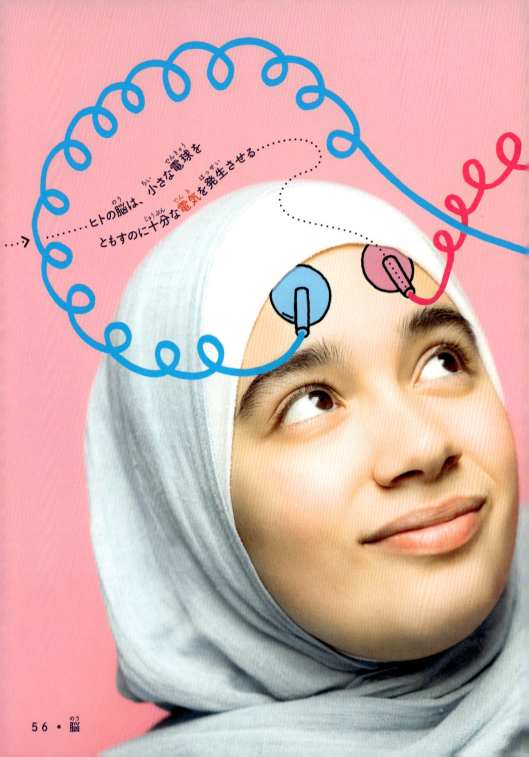

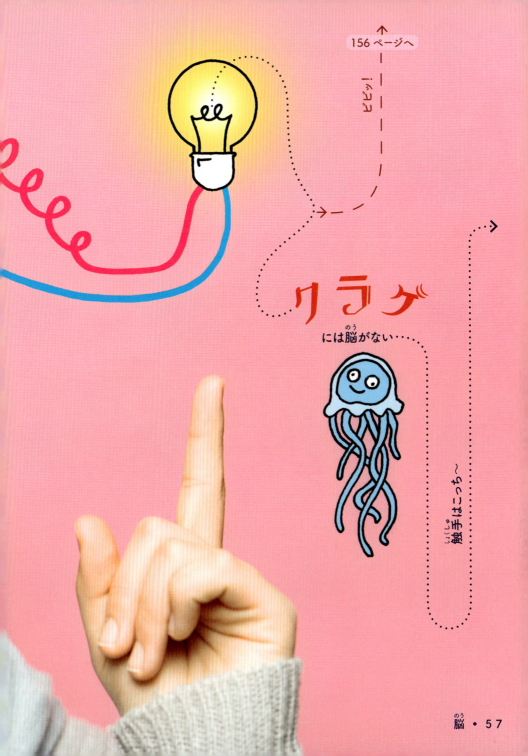

クラゲは、英語で「ゼリー状の魚」を意味するジェリーフィッシュという

「不死身のクラゲ」と呼ばれるベニクラゲという種は、成熟して弱ってくると、若返って赤ちゃんに戻るらしい

キタユウレイクラゲの触手は、30m以上もの長さに

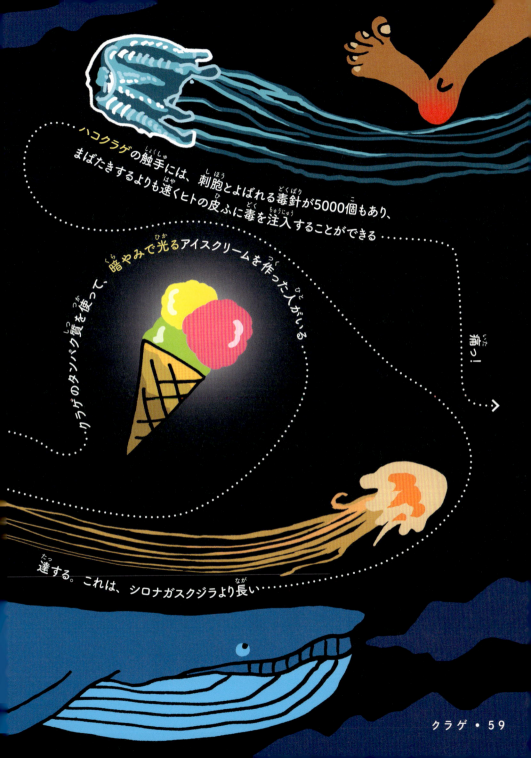

ハコクラゲの触手には、刺胞とよばれる毒針が5000個もあり、まばたきするよりも速くヒトの皮ふに毒を注入することができる

クラゲのタンパク質を使って、暗やみで光るアイスクリームを作った人がいる

痛っ！

達する。これは、シロナガスクジラより長い

クラゲ・59

…タテガミネズミは**猛毒の毛**をもっている。毒のある木の樹皮をかじって噛み砕き、唾液と毒が混ざった糊みたいな液を自分に塗りつける……

…エメラルドゴキブリバチは、ゴキブリの脳に逃げる気を**失わせる毒を注入する**……

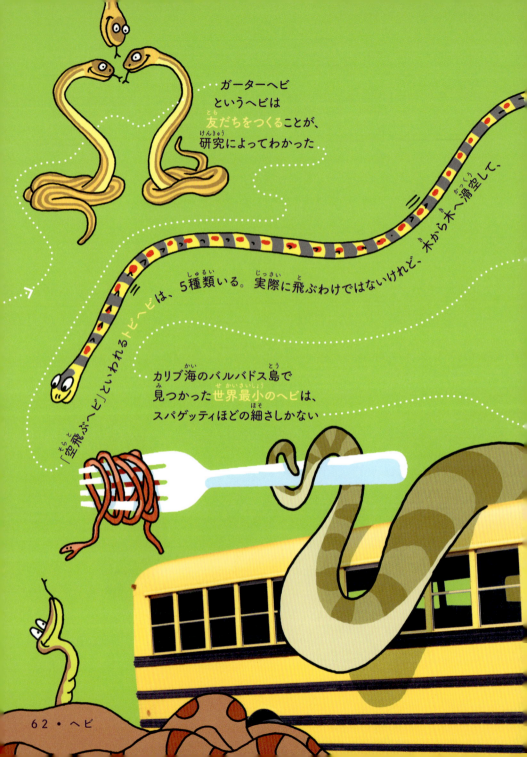

64 ・舌

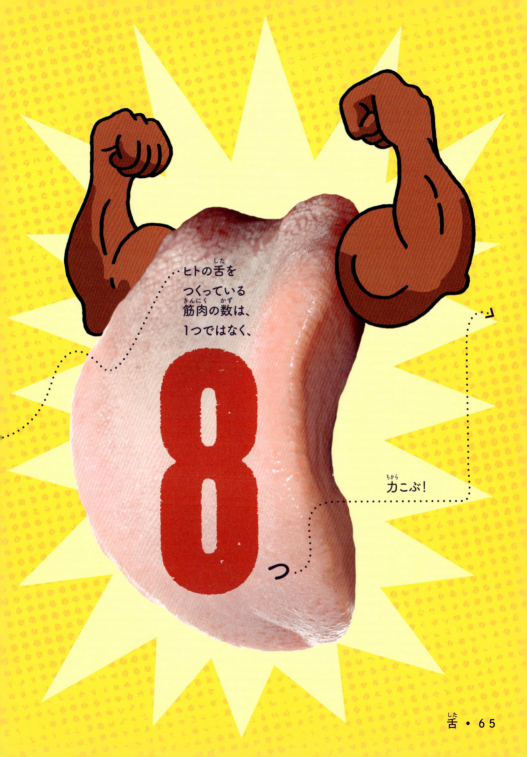

耳介筋という筋肉をコントロールできれば、耳を動かす ことが できる

手の指には 筋肉が ほとんど ない

66・筋肉

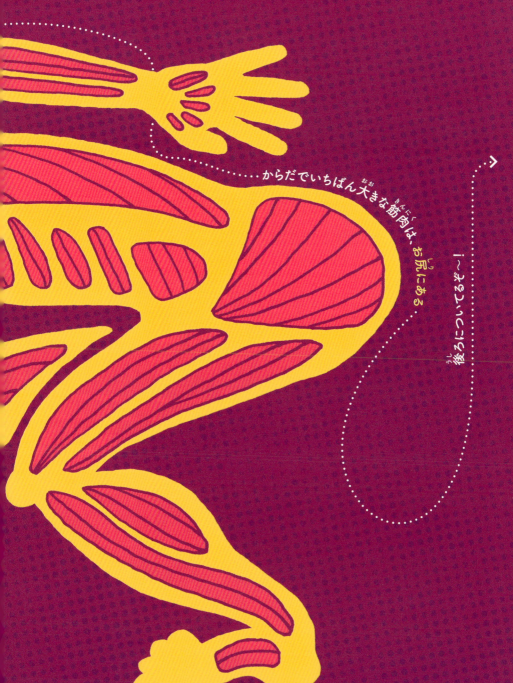

科学者たちはかつて、一部の恐竜がお尻の近くに**2つめの脳**をもっていると考えていた……

大きいほうの話

ビーバーがお尻のあたりから分泌する物質は、バニラの香りがして、香料に使われることもあるんだって

お尻・69

オーストラリアにすむ有袋類ウォンバットは「四角いうんちをする世界で一唯一の生き物」!

鳥のフンの白い部分は、実はオシッコだって知ってた？

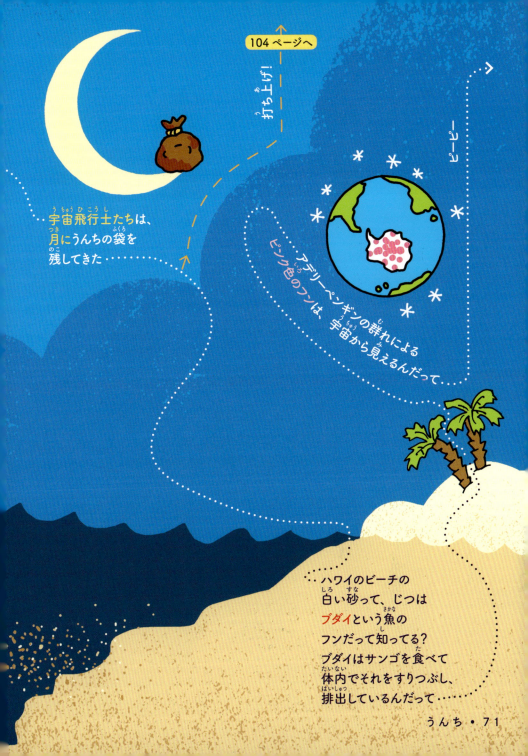

世界で唯一、トイレの形をした家が韓国にある。現在では博物館になっていて、敷地内の公園にはトイレをテーマにしたアート作品が展示され、金のウンチの模型まであるんだ

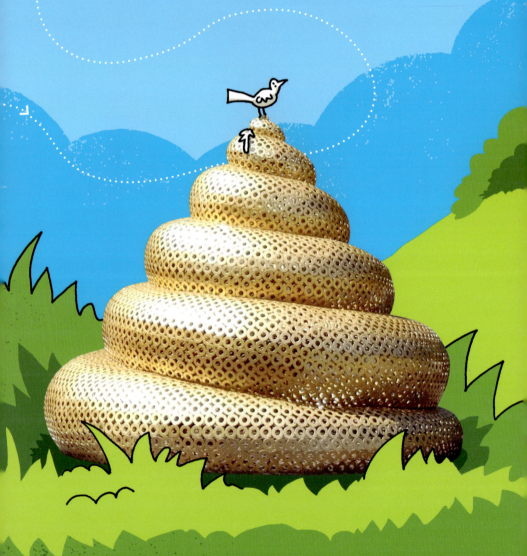

16世紀のころ、イングランド国王がトイレで用をたしているあいだに世話をする「トイレ番」は、栄誉ある仕事だった。

夢のようだけど本当にある仕事といえば、「アイスクリーム・テイスター」という、アイスの味見の仕事。

古代ギリシア人たちはタマネギを食べると強くなると信じていて、オリンピック出場をめざしてトレーニングする選手が食べていた。

古代エジプトでは、ミイラの目の部分にタマネギを入れることがあった。

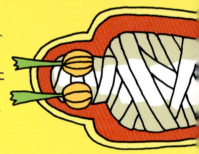

綱引きはかつて、オリンピック競技だった。

76 ・ トリビア いろいろ

アメリカのアイスクリーム店で売られているコールドスウェット(冷や汗)というフレーバーは、3種類のトウガラシと2種類の辛いソースでできている。

カビの生えたパンやハチミツが薬として、古代エジプトで使われていた。

トウガラシに含まれるカプサイシンという成分は、痛みをやわらげる薬にも使われている。

ゴルフという競技は、月面で行われたことのある唯一のスポーツ。

鏡よ鏡…

月面には、鏡のような反射装置がある。これに向けて、地球にいる科学者たちがレーザー光を発射して、地球と月の距離を測っている。

トリビアいろいろ・77

・フランスのベルサイユ宮殿の「鏡の間」には、鏡が357枚もある

・童話『白雪姫』のモデルとされているドイツの男爵夫人の父親は、鏡工場を経営していた

・チンパンジー、ゾウ、カササギなど一部の動物は、鏡に映った自分を自分だと認識することができる

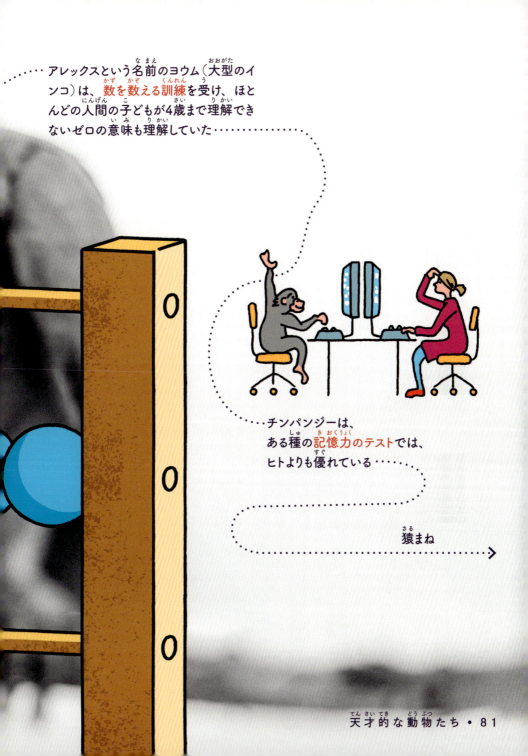

アレックスという名前のヨウム（大型のインコ）は、数を数える訓練を受け、ほとんどの人間の子どもが4歳まで理解できないゼロの意味も理解していた……

チンパンジーは、ある種の記憶力のテストでは、ヒトよりも優れている……

猿まね

天才的な動物たち・81

雨が降ると、オランウータンは大きな葉っぱを カサとして使うことがある

大型類人猿には4つの種がいる

1. チンパンジー

2. ゴリラ

3. ボノボ

4. オランウータン

ヒトを大型類人猿に分類する科学者もいる

飛行機は、雷が落ちても耐えられるように設計されている。平均すると、旅客機には年に1〜2回雷が落ちている

158ページへ

電光石火

世界でいちばん翼が長い航空機は、サッカーやアメフトのフィールドの長さよりも翼が長い。乗客ではなく人工衛星を搭載したロケットを運ぶためのものなんだ……

84・飛行機

翼をパタパタ〜

飛行機に乗っているときは食べ物の味の感じ方が変わる。高度が上がるにつれて、機内の空気は乾燥して気圧が下がってくるため、塩気と甘みを感じる味覚が30％鈍くなるんだって……

そろそろ飛び立とう

世界最大級の鳥アンデスコンドルは、ほとんど羽ばたくことなく飛ぶことができる。科学者たちの記録によると、一度も羽ばたかずに160km以上を飛行したものもいる

ヨーロッパアマツバメという渡り鳥は、ほとんど1年間、地面に降りることなく飛び続けることができる。

重さが500トン以上になる雲の種類（入道雲）もある。これは、アフリカゾウのオス71頭と同じくらいの重さ。

科学者たちは、地球から120億光年離れた宇宙空間に、地球の海を140兆回いっぱいにできる水の雲（水蒸気）を発見した。

アフリカゾウの鼻は、4万以上の筋肉でできているのに対して、人間は全身でもおよそ650の筋肉しかない。

科学者たちが新たに開発した人工筋肉は、ポテトチップスの袋などに使われているプラスチックからできている。

雨が地面に打ちつけられると、ある種の細菌が、土の香りのする「ゲオスミン」という化合物を放つ。これをあつめて香水にしている人たちがいる！

アンバーグリスという香水の成分があるんだけど、これは、マッコウクジラの腸内でつくられるものなんだ。

マッコウクジラは、地球上のあらゆる動物のなかで、もっとも大きな脳をもつ。ヒトの脳の約6倍の大きさがある！

ヒトの脳の73％は水でできている。

史上最大の袋入りポテトチップスは、重さが1141kg！高さは2階建ての家くらいで、中に入っていたポテトチップスは、うす塩味だった。

記録更新だ〜

トリビアいろいろ・89

ある男性は、ヒゲにもっとも多くのつまようじを刺して世界記録を達成した。その数、なんと3500本！

身の毛もよだつ

128ページへ

世界一多くのアヒルのおもちゃを集めた記録は、なんと5631個！持ち主は、アヒル専用の部屋まで用意したんだって…

90・世界記録

竹の断面の顕微鏡画像

> オランダの科学者、アントニ・ファン・レーウェンフックは微生物を発見し、それを
アニマルクル（微小動物） と呼んだ

92・顕微鏡の世界

純金のうんちをする細菌がいる！

ピッカピカ！

カナダキキの皮の顕微鏡画像

シリカという物質で作られた世界最小の雪だるまの高さは、わずか3ミクロン。この小さな雪だるま25個でやっと、ヒトの髪の毛ほどの太さになる

顕微鏡の世界 • 93

宇宙飛行士がかぶるヘルメットは、金でコーティングされている。

宇宙飛行士が国際宇宙ステーションから自分たちのうんちを補給船に乗せて射出すると、大気圏突入のときにうんちは補給船とともに流れ星のように燃えつきる。

宇宙にある星の数は、たった10滴の水に含まれる分子の数とほとんど同じ。

火山が噴火したとき、そのマグマにダイヤモンドが含まれていることもある。地球上で最後に起こったのは、約2500万年前のことだけれど。

サメのなかには、海底火山の中で生活するものもいる。

研究者たちは最近、植物を食べるサメがいることを発見した。

古生物学者たちは、27億年前の雨のしずくの痕跡を化石に発見した。

海王星と天王星には、何百万カラットにもなるかもしれないダイヤモンドの雨のしずくが降りそそぐ。

オーストラリアの モグリアマガエルは、からだ全体に水を貯めておくことができる。だから、このカエルは何年も水を飲まずに生きていける。

アフリカにすむゴライアスガエルは、世界最大のカエル。イエネコと同じくらい重いものもいる。

竹は、世界でもっとも成長が速い植物。一日に1mも伸びる種もあるんだ。

ネコの骨の数は、平均的な人間の大人よりも多い。

ジャイアントパンダは、特別な手首の骨を使って竹をしっかりつかむ。

足跡の化石から、恐竜の種類や大きさなどがわかる。

恐竜のティラノサウルスは、227kgの肉を一口で食べていた。これは、ハンバーガーだと2000個分にもなる!

恐竜についての発見

トリビアいろいろ・95

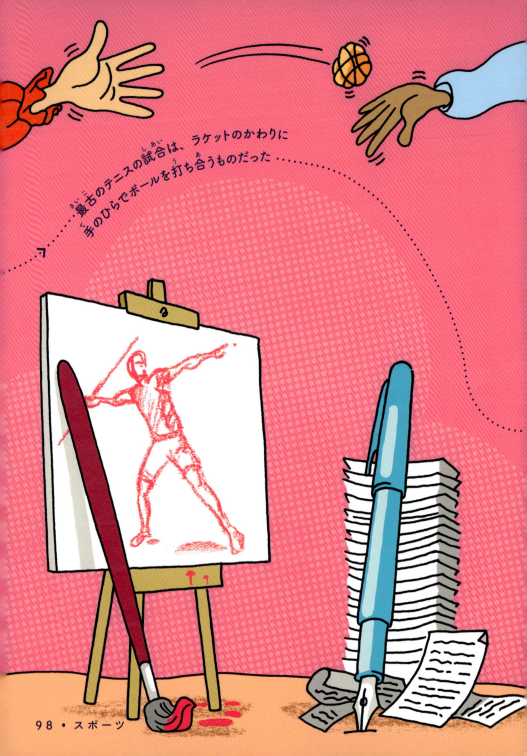

有名な野球選手ベーブ・ルースは、頭を冷やすために帽子の中にキャベツの葉を入れることがあった…

野菜を食べなさい！

絵画、文学、彫刻は、かつてオリンピック競技だった……

スポーツ・99

宇宙にいるあいだ、宇宙飛行士の身長は3％も伸びることがある

182ページへ
天まで届け

宇宙服の重さはなんと127kg！ 着るのに45分かかるんだって

国際宇宙ステーションでは、ほとんどの宇宙飛行士が電話ボックスくらいの大きさの空間で眠る…

宇宙ってどんなにおい？
焦げたステーキ、火薬、ラズベリーのようなにおいだと話す宇宙飛行士もいて、それを再現した香水まで登場した…

月には風がないから、宇宙飛行士たちが月面に残してきた足あとは、何百万年も残るかもしれない…

月がきれい！

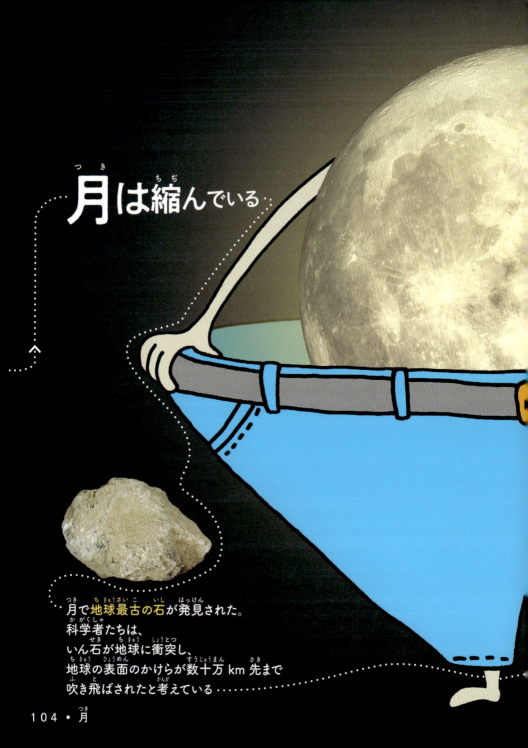

月は縮んでいる

月で地球最古の石が発見された。
科学者たちは、
いん石が地球に衝突し、
地球の表面のかけらが数十万 km 先まで
吹き飛ばされたと考えている

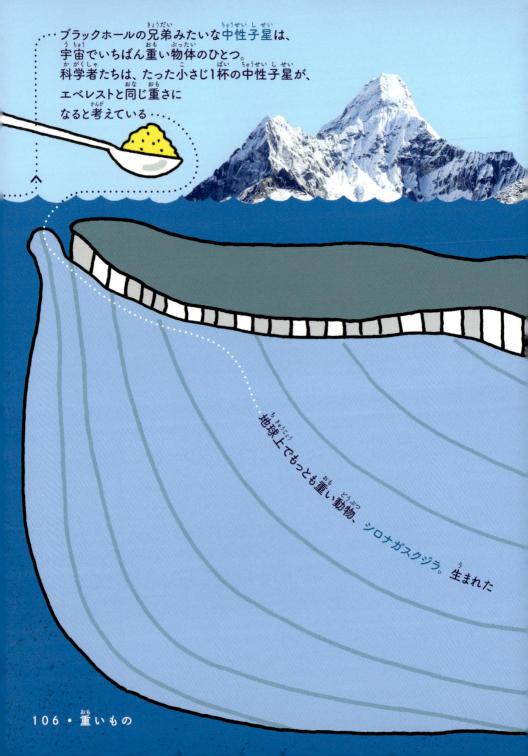

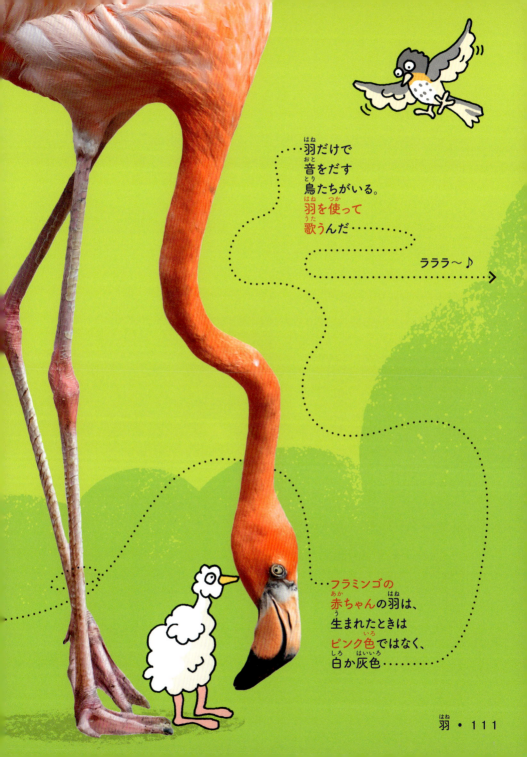

羽だけで
音をだす
鳥たちがいる。
羽を使って
歌うんだ

ラララ〜♪

フラミンゴの
赤ちゃんの羽は、
生まれたときは
ピンク色ではなく、
白か灰色

合唱をするとき、メンバーの心拍（心臓の鼓動）は一致することがある。

心臓の形をした氷原があるのは、冥王星。

アフリカにすむケガエルは、自分で折った手足の骨のかけらが皮膚を突き破って爪になり、敵から身を守るんだって。

サメは全身の骨格が軟骨でできていて、歯と顎以外に、硬い骨がない。

ヤシガニの爪のハサミは、ほとんどライオンの噛む力ぐらい強い。

ライオンは、多いときには一日に20時間も眠る。

冥王星は、ローマ神話の冥界の神プルートーから名づけられた。

古代ローマ人は、オシッコで歯を白くしていた。

ウナギに似た深海魚ドラゴンフィッシュの歯は透明で、ホホジロザメの歯よりも強い。

立ったままで眠ることができる動物もいる。ウマやフラミンゴ、ゾウなどもそうだ

お鼻が長いのね

トリビアいろいろ・113

ゾウは、ヒトには聞こえない低周波の音を使ってコミュニケーションをとっている。ゾウたちは足や鼻を通して、地面を伝わった振動を、音として「聞いている」んだ。

耳をすまして

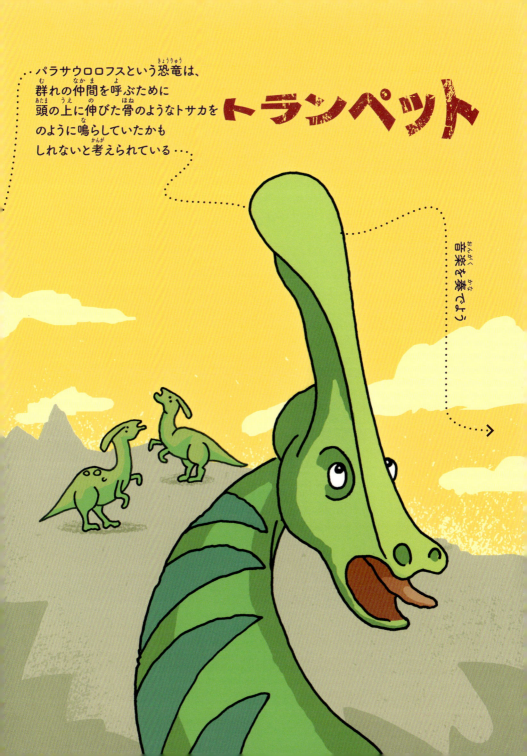

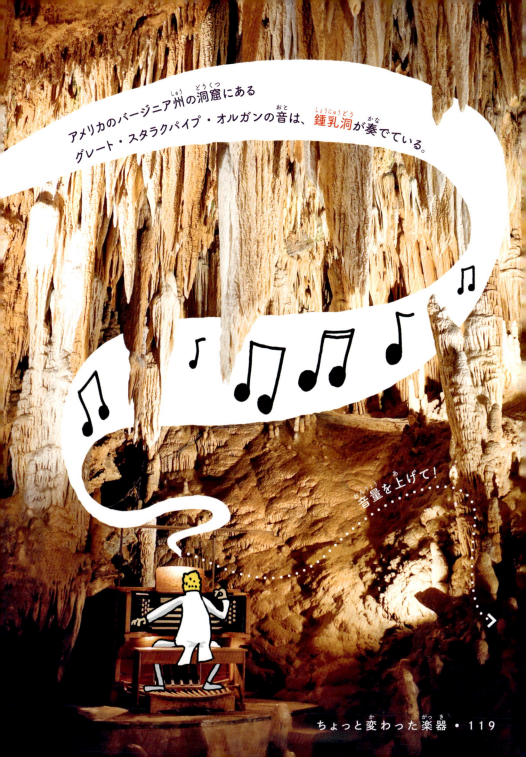

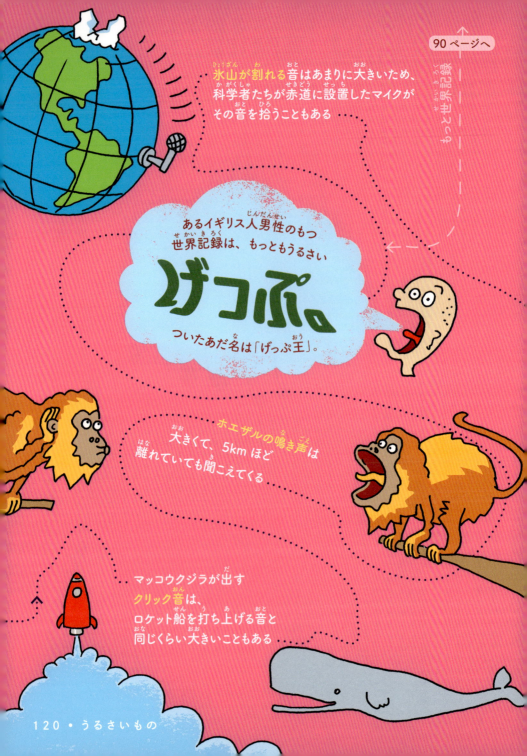

84ページへ

高く舞い上がれ〜

フクロウの羽は、音をほとんど立てずに飛べるようになっている。専門家たちは、もっと静かな飛行機や風力発電機をつくるために、フクロウの翼を研究している…

実際は音はあるけれど…"ヒトには聞こえない

お静かに！

…夜になると、キリンはお互いに向けて静かにハミングする…

ASMR（自立感覚絶頂反応）っていう言葉を知ってる？指先で軽くたたいたり、紙をカサカサさせたり、ささやいたりといった、ある特定の感覚や音に対して、一部の人たちが経験するゾクゾクする感じを意味するんだ…

静かなもの・123

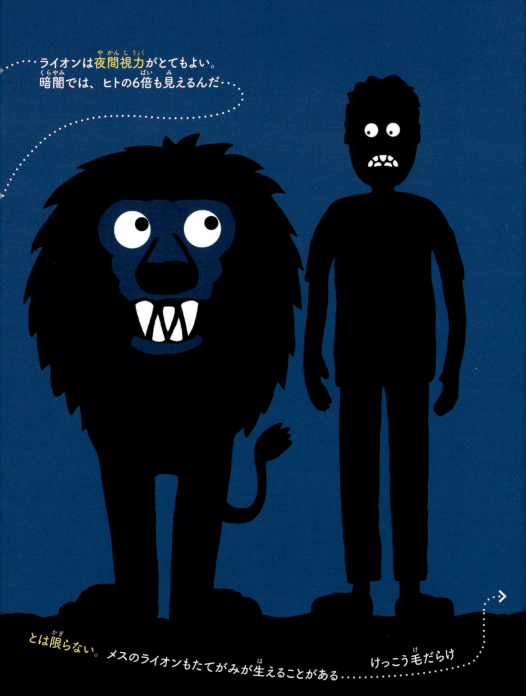

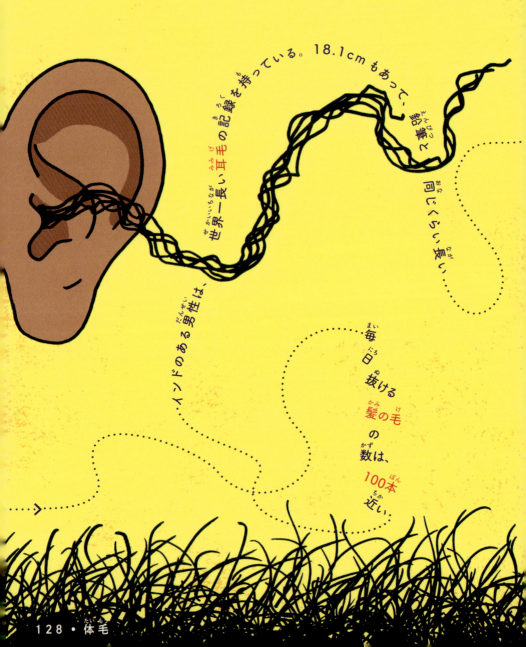

世界ヒゲ選手権

では、顔の毛を奇抜なデザインにして参加する人もいるんだ‥

優勝者は‥

毎年、イギリスのある町では
ミミズおびき寄せ大会が開かれている。
参加者たちは、
土に突き刺した棒や鍬を震わせて、
できるだけ多くのミミズを
地面からおびき出そうと
するんだって・・・

130・ヘンな競技

ミミズの卵は小さなレモンに似ている。

レモンで、電球を点灯させることができるって知ってる？

発明家トーマス・エジソンは、電球の研究をしていたとき、電球内部で使うフィラメントという部品のために、ヒゲの毛を含む何千もの素材を試した。

日本の瀬戸内海沖に浮かぶ青島には、人間よりはるかに多くのネコがすみついている。

スタッブスという名前のネコは、アメリカのアラスカ州にある小さな町の名誉市長に選挙で選ばれた。

ピンク色をしたイグアナの種は、地球上のたった一つの島でしか確認されていない。

アラスカ州では毎年、トイレレースが開催される。便座に人が座った屋外トイレを、数人で押して移動する速さを競いあう。トイレットペーパーがトイレにちゃんと備えられていることがルールなんだとか。

古代ローマ人は、トイレットペーパーのかわりに、先端に海綿が付いた棒でお尻を拭いていた。

132 • トリビアいろいろ

アメリカでは、人間の髪の毛から作った成分をピザ生地に使っている食品会社がある。

ピザはなんと、国際宇宙ステーションに配達されたことがある！

科学者に発見された、地球から57光年離れた太陽系外惑星は、表面がピンク色に見える。

季節によって一日3回日の出があるのは、惑星HD131399Ab。それは、この惑星が異なる3つの太陽の回りを回っているから。

国際宇宙ステーションに滞在する宇宙飛行士たちは、毎日、日の出と日の入りを16回ずつ見る。

キレッキレ♪

「ガラス海綿類」と呼ばれるスポンジ状の海洋生物は、ガラスのように見える、入り組んだ骨格を持っている。小さなエビがそれを住みかにすることもある。

クリーナーシュリンプというエビには、ダンスをして魚にアピールする種がいる。

トリビアいろいろ・133

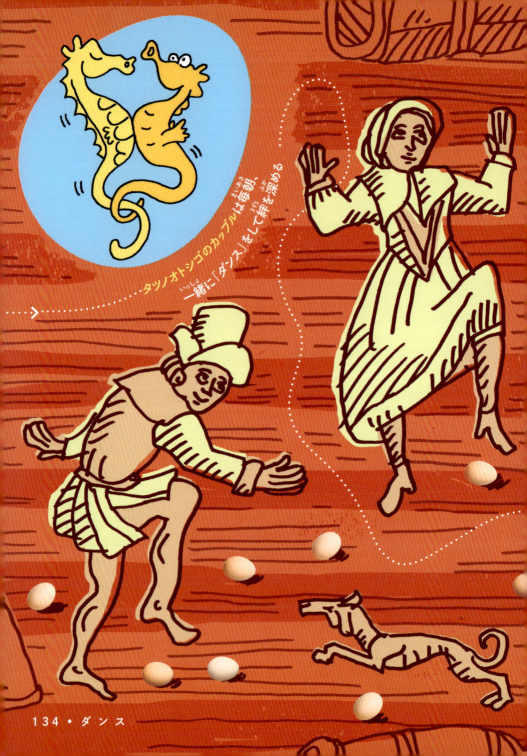

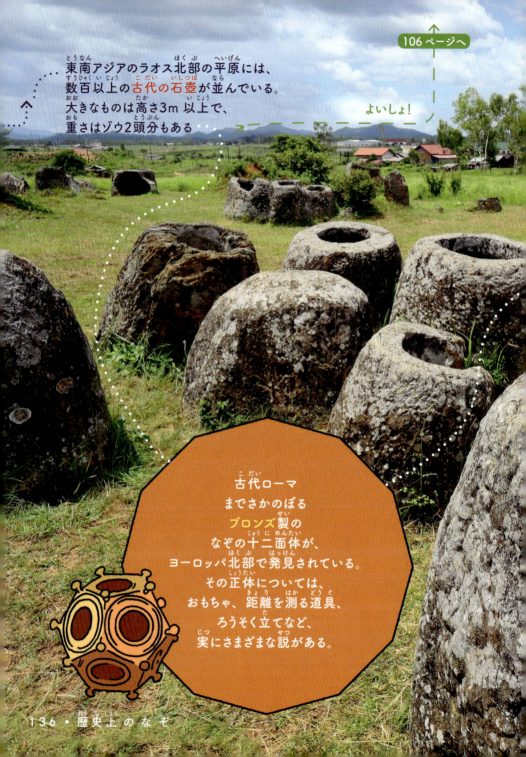

106 ページへ

東南アジアのラオス北部の平原には、数百以上の古代の石壺が並んでいる。大きなものは高さ3m以上で、重さはゾウ2頭分もある

よいしょ！

古代ローマまでさかのぼるブロンズ製のなぞの十二面体が、ヨーロッパ北部で発見されている。その正体については、おもちゃ、距離を測る道具、ろうそく立てなど、実にさまざまな説がある。

136・歴史上のなぞ

映画『レイダース／失われたアーク《聖櫃》』で、インディ・ジョーンズのあとを追いかけて転がる巨大石球は、中米コスタリカの先住民が手に入らしか残らしたというとう。数百もの重い丸石だとヒントにした

いい形だ〜

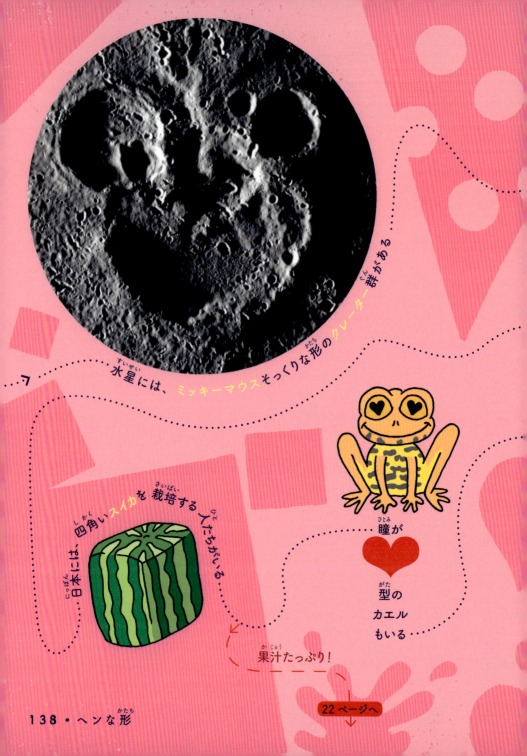

水星には、ミッキーマウスそっくりな形のクレーター群がある

日本には、四角いスイカを栽培する人たちがいる

果汁たっぷり！

瞳が♥型のカエルもいる

22ページへ

138・ヘンな形

ゾウの鼻は、木を押し倒せるほど強い。

牛の胃は、4つの胃袋に分かれている。

4つの触覚が、ナメクジの頭にはついている。上の2つが視覚と嗅覚、下の2つが味覚と触覚を担っている。

あるナメクジの仲間は、糊のようなネバネバした粘液を出して身を守る。その場所に貼りついて、捕食者に剥がされないようにするんだ。

レインボーユーカリと呼ばれる木は、虹色に染まる樹皮を持っている。

虹は、土星の衛星タイタンにも出ると、科学者たちは考えている。

地球温暖化を引き起こすメタンガスは、牛のげっぷに多く含まれている。

タイタンには、水ではなく液体メタンの海がある。

ヒトの唾液の400倍もネバネバした粘液が、カメレオンの舌の先を覆っている。

ひづめを持つ、ほ乳動物のオカピは、アフリカの熱帯雨林にすむキリンの仲間。長い舌を使って、自分の耳を掃除するんだ。

馬の耳に念仏

トリビアいろいろ・141

イギリスに住むある男性は、

2階建てバス1台

を両耳で動かせる

50 ページへ

肌のお手入れ

オーストラリアの砂漠地帯
にすむモロクトカゲは、
からだの表面にあるトゲを
ストローのように使う。
砂から水を吸い上げ、
ドリンクみたいに口まで運ぶんだ

世界最大の砂漠は**南極**にあり、
砂漠はすべて暑いわけではない。
マイナス89.2℃まで
気温が下がることもある。

中央アジアの国、
トルクメニスタン
の砂漠にぽっかり
あいた穴は、

炎

に包まれて
50年以上も
燃え続けて
いる

144・砂漠

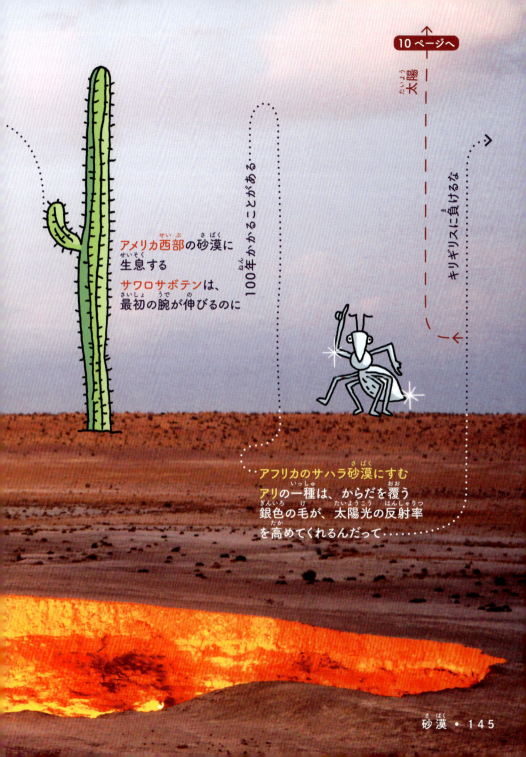

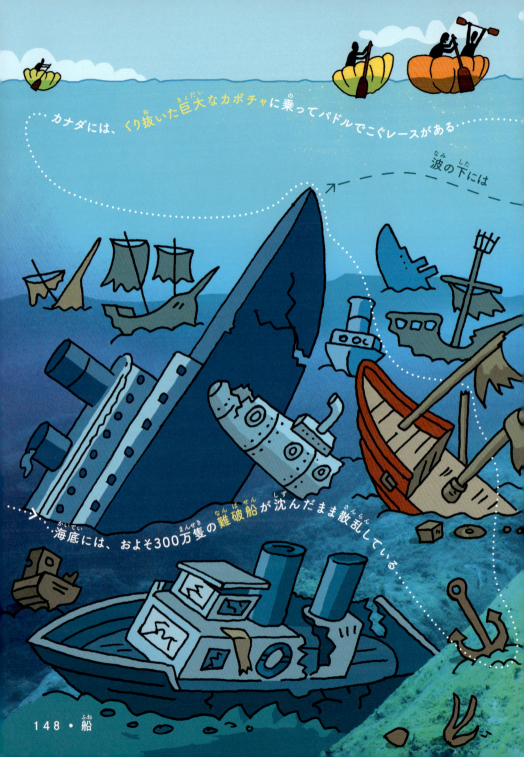

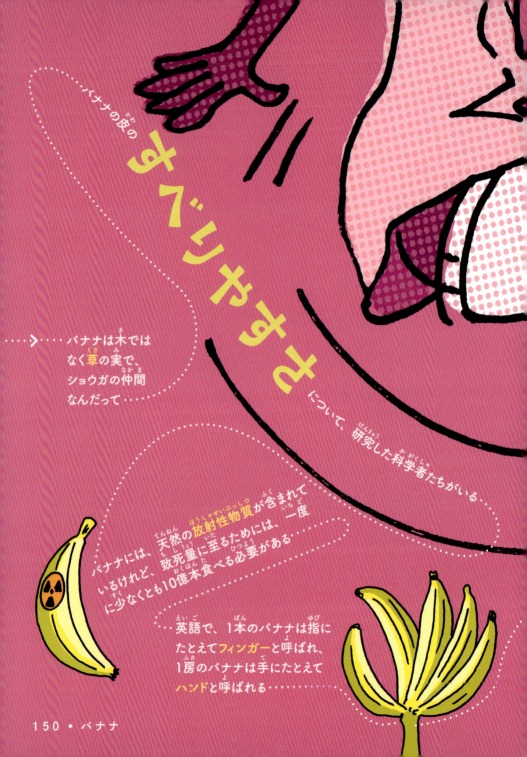

バナナの皮のすべりやすさ について、研究した科学者たちがいる

- バナナは木ではなく草の実で、ショウガの仲間なんだって

- バナナには、天然の**放射性物質**が含まれているけれど、致死量に至るためには、一度に少なくとも10億本食べる必要がある

- 英語で、1本のバナナは指にたとえて**フィンガー**と呼ばれ、1房のバナナは手にたとえて**ハンド**と呼ばれる

150 • バナナ

綿菓子

をつくる機械を
発明した2人のうちの1人は、
歯医者さん。

154 • 砂糖とお菓子

102ページへ ↑

宇宙空間へ！

砂糖は大むかし、薬としても使われていた

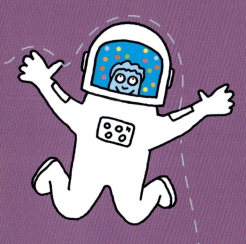

宇宙で初めて食べられたお菓子は、M&M'sのチョコレートだった

考古学者が5700年前のチューインガムを発見したんだって！

氷砂糖を砕くときに、静電気が発生するんだって！

スゴイ衝撃だ！

砂糖とお菓子・155

1回の

雷は、

およそ

3か月

のあいだ

電球を

光り

続けさせる

だけの

電気を

含んで

いるんだ。

火山の噴火で雷が発生することがある。

球電（球雷ともいう）は、光る球体が空中にしばらく目撃されて窓を通り抜けることで知られる。

地球に生命が誕生したのは、落雷がきっかけと考える科学者がいる。

世界の「雷の首都」は、南米の国ベネズエラにある湖。毎年300日近く雷雨が発生している。

アメリカのエンパイアステートビルには、1年でおよそ25回も雷が落ちている。

ザブン！

オーストリアには、毎年雪解け水が流れ込んで湖になる公園がある。遊歩道やベンチ、そして橋までも、湖の底に沈んでしまうんだ。

カナダのクリルクは、スポッテッドレイクと呼ばれる湖。夏はほとんどの水が蒸発して、ミネラル成分でできた数百のカラフルなプールが現れる。上から見ると、水玉模様みたい。

アメリカのアーカンソー州にある ダイヤモンド・クレーター州立公園では、見つけた石を持ち帰ることができる。これまでに7万5000個以上の**ダイヤモンド**が、来園者によって発見されている！

なんて高価！

イギリスには、ディガーランドというテーマパークがあって、そこでは、**トラックやショベルカー**など工事現場で使う車を運転することができる

240km近い猛スピードに耐えるため、乗客はゴーグルを着用する

公園・163

科学者たちは、火星にオパールがあると考えている

これまでに発見された世界最大級のエメラルドの重さは、ジャイアントパンダ3頭分ほど

164 ・ 宝石

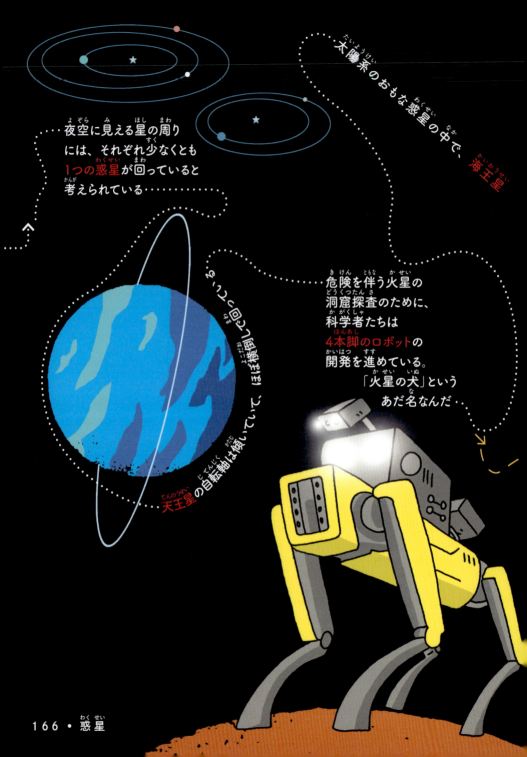

夜空に見える星の周りには、それぞれ少なくとも1つの惑星が回っていると考えられている

太陽系のおもな惑星の中で、海王星

危険を伴う火星の洞窟探査のために、科学者たちは4本脚のロボットの開発を進めている。「火星の犬」というあだ名なんだ

天王星の自転軸は傾いていて、ほぼ横倒しになって回っている

166・惑星

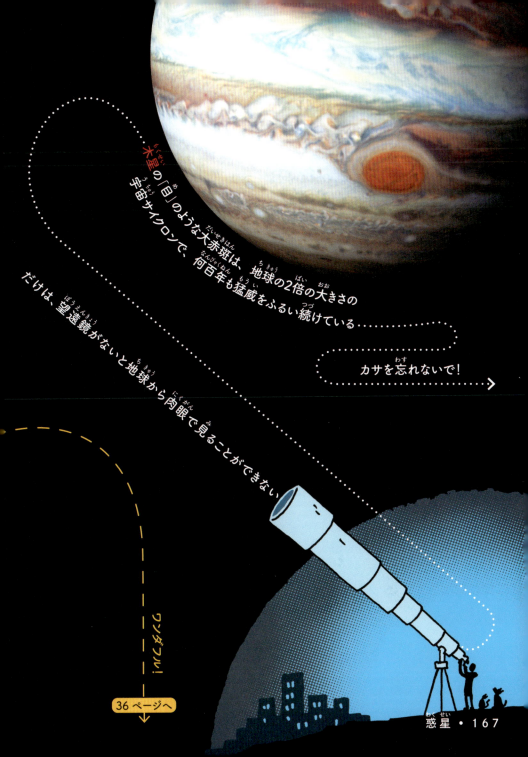

木星の「目」のような大赤斑は、地球の2倍の大きさの宇宙サイクロンで、何百年も猛威をふるい続けている

カサを忘れないで！

だけは、望遠鏡がないと地球から肉眼で見ることができない

ワンダフル！

36ページへ

惑星・167

中南米には、体の中が透けて見える、アマガエルモドキ科のカエルがいる。心臓が脈打ち、食べ物が消化されるところまで見える！

ヒキガエルはカエルだけど、カエルがすべてヒキガエルというわけではない

カエルの群れは、英語で「軍隊」にたとえて

アーミー

と呼ばれることがある

南米のモウドクフキヤガエルは、とても小さいのに、世界でもっとも毒性の強い動物の一つで、ヒトを10人殺せる猛毒をもっている···

ジャンプできないカエルもいる

こっちへ跳ぶんだ〜

カエル・171

ハエトリグモは、じぶんの体長の40倍もジャンプできる。人間なら、テニスコート3面分の長さを、一度に飛び越えるようなものだ……

172・ジャンプ

豆が飛び跳ねているように見える
メキシコトビマメの正体は、
蛾の幼虫が入った「さや」。
暖まると蛾の赤ちゃんが中で動き回って

ジャンプする⋯

不思議な蛾たち

ジャンプ・173

なんと、南米大陸には眠っている鳥の涙を飲む蛾がいるんだって！塩分をとるためと考えられているんだ。

南米アマゾンにすむツバメケイという鳥のヒナは、翼に爪が生えて産まれてくる。それを使って木に登るんだ。

芝刈り機のレースは、アメリカではスポーツ。最速のマシンは、時速240kmのスピードでつっ走ることができる。

足を使ったスポーツに、足の指相撲がある。床にすわって親指をからめ合い、逆の足は床から浮かせて行う。

人間の足の指から採取した細菌を使って作ったチーズがあるんだって！

世界でいちばん高価なチーズは、ロバのミルクから作られているピューレチーズというチーズ。

174 ・ トリビアいろいろ

熱帯に生えるマンチニールの木は、毒があってとても危険。その果実はスペイン語で「小さな死のリンゴ」と呼ばれているんだ。

ウナギやアナゴは、毒が血や体のぬめりに含まれている。

オスのダチョウは、ライオンがほえるときのようなうなり声を出す。

ヒトの血液は、たった3滴の中に、赤血球という血液細胞が最大で10億個も含まれている。

世界でいちばん大きい単細胞は、ダチョウの卵の黄身で、ニワトリの卵の黄身の25倍の重さにもなる。

トラがほえる声は、芝刈り機が出す音の25倍もうるさい。

ゴキブリは頭が切断されても、数週間は生きられる。脳がなくても、息をすることができるんだ。

ヒトの母乳のようなミルクを分泌する、ゴキブリの種がいる。その物質にはとても栄養があることから、科学者たちは未来の食べ物を作るために研究を進めている。

脳が2つ以上ある動物もいる。タコにはなんと、脳が9つもあるんだ。

足は8本〜

トリビアいろいろ・175

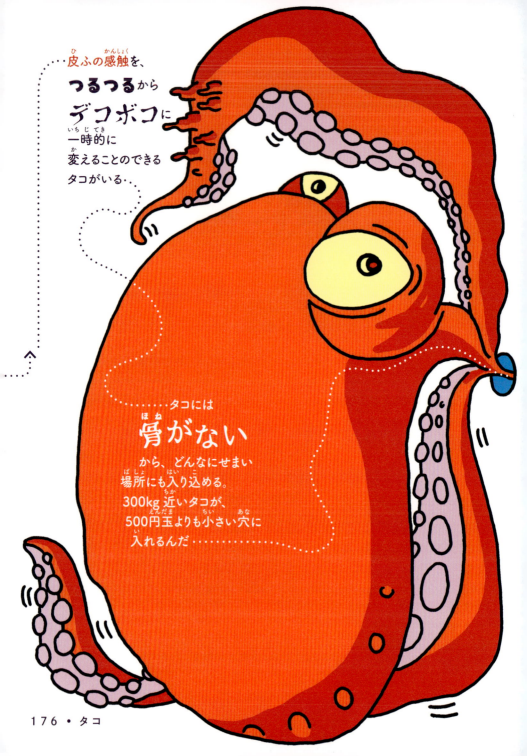

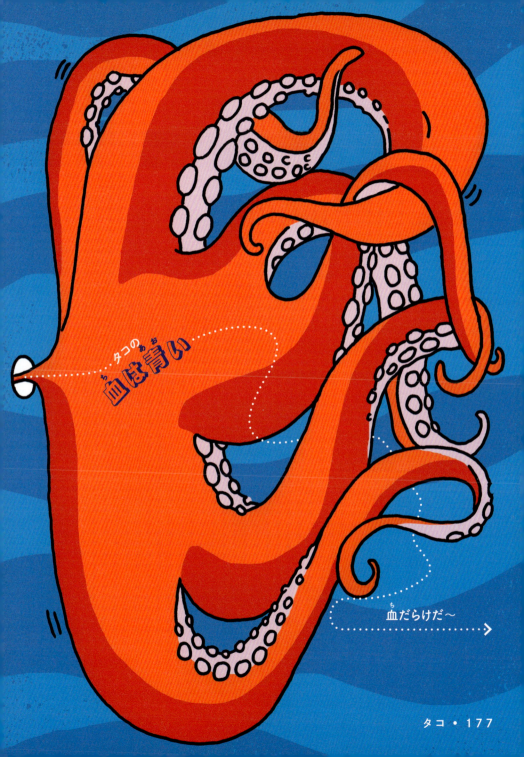

吸血鬼の異名を持つハシボソガラパゴスフィンチという鳥は、他の鳥の血を吸う

スゴイ鳥はこっち 72ページへ

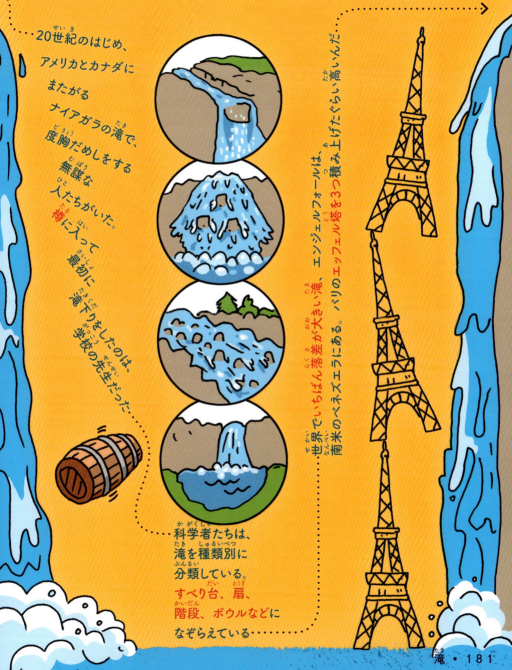

なんてノッポ

20世紀のはじめ、アメリカとカナダにまたがるナイアガラの滝で、度胸だめしをする無謀な人たちがいた。樽に入って最初に滝下りをしたのは、学校の先生だった。

世界でいちばん落差が大きい滝、エンジェルフォールは、南米のベネズエラにある。パリのエッフェル塔を3つ積み上げたぐらい高いんだ。

科学者たちは、滝を種類別に分類している。すべり台、扇、階段、ボウルなどになぞらえている

182・背が高いもの

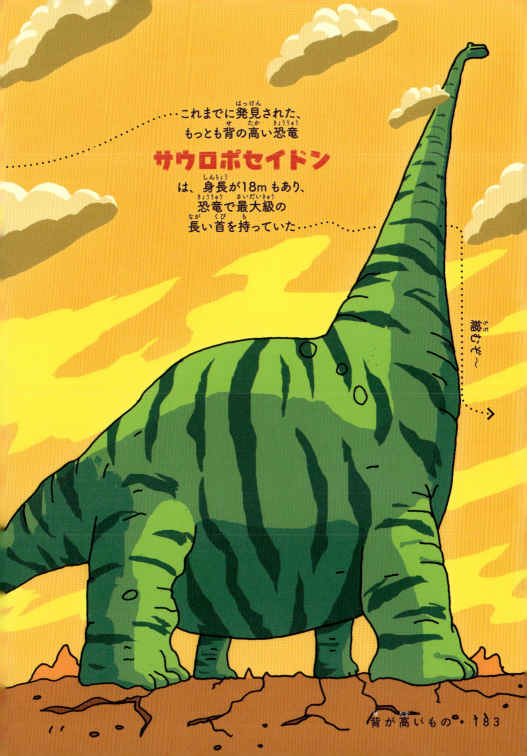

太陽系外惑星「ケプラー78b」の1年は、たった8.5時間

184・短いもの

世界でいちばん背が低い
イヌのチワワ「パール」は、
身長がたったの9.1cm。
生まれたときは
ティースプーンにのる大きさだった···赤ちゃんだ···

短いもの・185

世界の国のなかで国旗の形が四角形ではないのは、南アジアの**ネパール**だけ。

キリンの赤ちゃんは、生まれてから30分後には立ち上がる。

現在、紫色を国旗に使っている国はわずか2つしかない。中央アメリカのニカラグア共和国と、カリブ海にあるドミニカ国だ。

キリンの舌の色は、紫か黒。

186・トリビアいろいろ

ネパールの人里離れた山岳地帯に住むという伝説があるイエティは、雪男としても知られている。

雲行きが怪しいな〜

雪像を制作したことがあるのは、ルネサンス期の有名な芸術家ミケランジェロ。

アマゾンの熱帯雨林の木々は、自分たちで雨雲を作り出す。

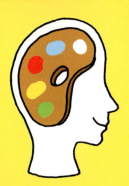

芸術家の脳は、芸術家でない人の脳とは構造が違っている。

タランチュラの仲間、ルブロンオオツチグモは、南米の熱帯雨林に生息し、子イヌの大きさに成長することもある。

脳が、脚の中にまではみ出しているクモがいる。

トリビア いろいろ・187

北極などで観測される夜光雲は、
地上およそ80kmで流星の塵が

氷の粒

になってできると
専門家たちは考えている……

はかりごと → 106ページへ

身を守れ！

中世ヨーロッパの 騎士のヘルメット
は最大4kgもあり、ネコと同じくらいの重さ

シェフの帽子にある100個のヒダの数は、つくれる卵料理の数を表しているといわれる

帽子・191

中世
ヨーロッパの騎士は、軍馬に馬鎧という甲冑を着せていた

ウマはゲロを吐けない

8万2000個のクリスタルを使って、
目がくらむ
馬の置き物をつくったデザイナーがいる

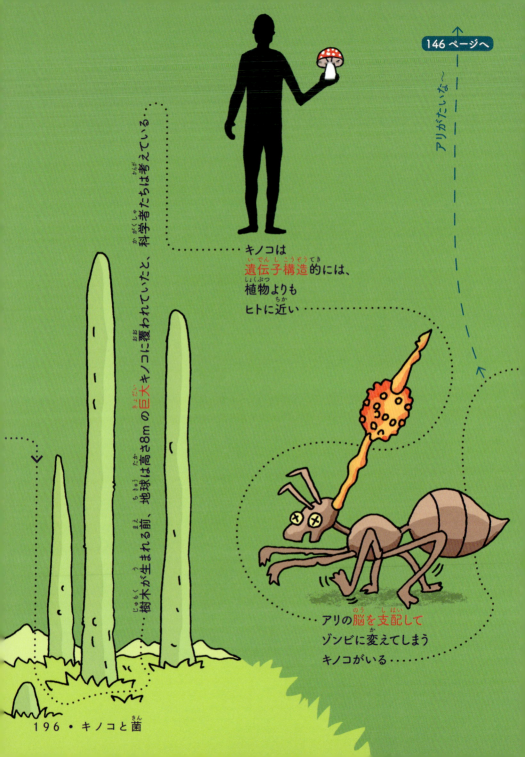

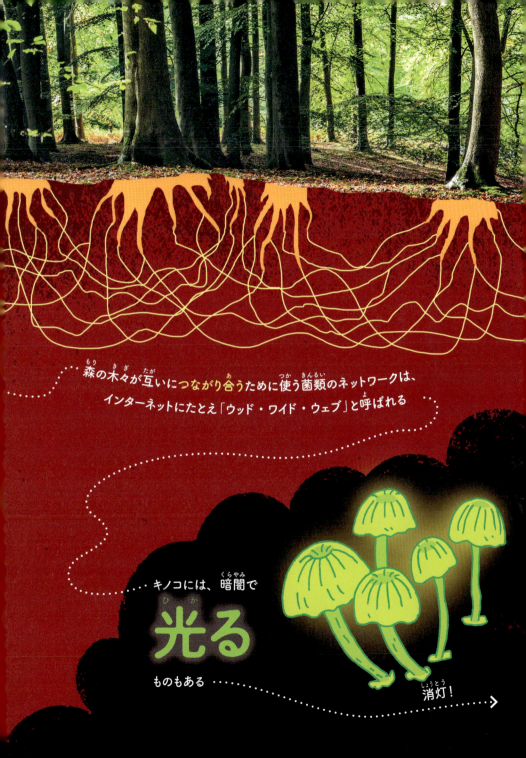

東南アジアにすむ
霊長類の一種、
メガネザルは、
薄暗いなかでも
色が見える。
脳を上回るくらい
目が大きいため、
優れた夜間視力を
持っているんだ。

さくいん

あ

- アイスクリーム——59, 76, 77
- オカピ——141
- あくび——36
- アザラシ——190
- 足——36
- 足跡——103
- 足の指相撲——174
- アステカ——72
- 汗——17, 36
- 頭がいい動物——78, 80-1
- 頭飾り——72
- アデリーペンギン——71
- アナコンダ——43
- アニマクル——92
- アヒルのおもちゃ——40, 90
- アボカド——22
- アマガエル——170
- アマゾンの熱帯雨林——187
- 雨——89, 94, 168, 187
- 嵐——159, 167
- アリ——52, 145-7, 196
- アレックス（大型のインコ）——81
- アレルギー——126
- アンキロサウルス——43
- アンデスコンドル——87
- アントニ・ファン・レーウェンフック——92
- アンバーグリス——89
- 胃——140, 170
- 家——74-5
- イエティ——187
- イカ——53
- イガゴヨウ——42
- イグアナ——132
- 石の球と壺——136-7
- イースター島——190
- イチゴ——23
- イッカク——15
- 遺伝子——196
- イヌ——36-7, 91, 96, 185, 187
- 岩——104
- いん石——104
- ヴィクトリア朝——27
- ウォンバット——70
- ウサギ——91
- 牛——140-1
- 歌——112, 121
- 宇宙——71, 101-3, 123, 155
- 宇宙飛行士——6, 71, 94, 101-3, 133
- 宇宙服——102
- ウッド・ワイド・ウェブ——7, 197
- ウマ——113, 192, 194-5
- 馬の置き物——194
- 馬鎧——192
- 海——40-1
- 運——149
- うんち——14, 21, 69-71, 94, 195
- ASMR（自立感覚絶頂反応）——123
- 映画館——54
- エジソン——132
- エッグダンス——135
- エビ——133
- エベレスト——17, 106
- M&M's——30, 155
- エメラルド——164-5
- エメラルドゴキブリバチ——60
- エンジェルフォール——181
- エンパイアステートビル——159
- 王冠——165
- オウム——81
- 大きなもの——120-1
- オオミヤシ——24
- お菓子——153-5
- オシッコ——113
- お尻——67-9
- 音——41, 114, 116, 120-3
- オパール——164
- お風呂用オモチャ——40-1
- 重いもの——106-7
- オランウータン——82
- オリンピック——76, 99
- オーロラ——11-3

200・さくいん

音楽——34, 100, 118-19

か

蛾——173-4
海王星——94, 166-7
貝殻——42
海賊——152
階段——16
海綿動物——41
カエル——50, 95, 112, 138, 168, 170-1
鏡——77-9
鏡の間——78
傘——82
笠雲——189
カササギ——78
火山——16-7, 43, 94, 158-9, 190
火星——42-3, 164, 166
火星の犬——166
化石——94-5
カタツムリ——40
ガーターヘビ——62
学校——139
ガードローブ——16
カニ——112
蛾の幼虫——52
カプサイシン——77
カボチャ——148
雷——84, 156, 158-9
カメレオン——141
カモフラージュ（擬態）——51-3
ガラガラヘビ——53
ガラス——121
ガラス海綿類——133
軽いもの——108-9
木——6-7, 42, 140, 174-5, 182, 187, 197
記憶——55

記憶力のテスト——81
気候——190
騎士——191-2
キタユウレイクラゲ——58-9
キツツキ——110
キツネザル——116
キティブタバナコウモリ——108
キノコ——195-7
牙——15, 46
キャベツ——100
球電（球雷）——158
競技——130-1
恐竜——43, 68, 72, 95-7, 117, 146, 183
極——8-9, 11
キリン——123, 141, 186
金——16, 94
筋肉——65-7, 88
菌類——7, 196-7
ククルカンピラミッド——42
クジラ——15, 17, 43-5, 59, 89, 106, 108, 120
くすぐる——83
薬——77, 155, 195
果物——22-3
靴——153
雲——88, 187-9
クモ——172, 187
クラゲ——57-9
クランベリー——23
クリスタル——194
クリスマス——153
クリーナーシュリンプ——133
クリルク——160
クレーター——43, 138
グレート・スタラクパイプ・オルガン——119
クレーン——38
毛——93, 126-7, 128-9, 132-3, 145

芸術家——187
携帯電話——16
ゲオスミン——89
ケツァール——72
ゲップ——120, 141
ケプラー78b——184
ケラチン——49
ゲロ——73, 194
顕微鏡の世界——92-3
子犬——36
公園——160, 162-3
香水——69, 89, 103
洪水——147
コウモリ——19, 20-1, 108, 125, 168
光量子——10
氷——15-6, 112, 118, 188
ゴールデン・ランスヘッド・バイパー——61
ゴキブリ——60, 175
国際宇宙ステーション——94, 103, 133
黒太子のルビー——165
古代エジプト——31-3, 42, 76-7, 126
古代ギリシア——76
古代ローマ——113, 132, 136
骨格——109, 112, 133
ゴライアスガエル——95
ゴリラ——82, 83
ゴルフ——6, 77
昆虫——20, 52, 125

さ

サーベルタイガー（剣歯虎）——46
サイ——190
細菌——89, 174
サウロポセイドン——183

魚——40, 47, 71, 113, 168
サシガメ——52
砂糖——154-5
ザトウクジラ——43
砂漠——143-5
サファイア——165
ザ・ブループ——41
サボテン——145
サメ——17, 47-9, 55, 94, 112-3
サル——120
サワロサボテン——145
サンゴ——71
ジェットコースター——162-3
シェフの帽子——191
ジェリーフィッシュ——58
耳介筋——66
耳垢——17
静かなもの——122-3
舌——63-5, 141, 186
芝刈り機——174, 175
シャカイハタオリ——73
ジャガイモ——153
ジャックウサギ——143
ジャンプ——172-3
ショウガ——150
鍾乳洞——119
触手（触覚）——58-9, 140
白雪姫——78
シリカ——93
自立感覚絶頂反応（ASMR）——123
シルクハット——190
城——16
シロナガスクジラ——17, 59, 106, 108
シンガポール——23
心臓——112, 122, 170
巣——73
スイカ——138

水星——138
睡眠——103, 112-3
スヴァールバル世界種子貯蔵庫——25
頭蓋骨——96
スカイダイビング——83
スコッティ（ティラノサウルス・レックス）——97
砂——42, 71, 144
砂浜——42
スネークアイランド——61
スノーボールアース仮説——16
スピード——162-3, 174
スピネル——165
スポーツ——43, 91, 98-9
スポッテッドレイク——160
スライム——140
静電気——155
世界海賊口調日——152
世界記録——89-91, 100
世界大戦——53
世界泥沼シュノーケリング選手権——43
世界ヒゲ選手権——129
セクメト——126
センサー——190
センザンコウ——64
先史時代の動物——44-7, 63
ゾウ——78, 88, 113-5, 136, 139-40
像（彫像）——125, 190

た

体重——105
大赤斑——167
タイタン——141
ダイヤモンド——10, 16, 94, 163

ダイヤモンド・クレーター州立公園——163
太陽——8-11, 14, 27, 100, 145
滝——40, 179-81
竹——95
タコ——53, 175-7
ダチョウ——72, 175
タツノオトシゴ——134
竜巻——168
タテガミネズミ——60
たてがみ——126-7
種——23-5, 173
食べ物——85
卵——132, 175, 191
タマネギ——76
ダルマザメ——48
ダルメシアン——36
ダンス——133-5
血——55, 175, 177-9
チーズ——174
血の滝——179
チューインガム——155
中世——192
中性子星——106
チューリップ——26
超高層ビル——139
彫刻——91, 99, 180, 187
チョコレート——27
チリ——77
チワワ——96, 185
チンパンジー——78, 81-3
月——6, 17, 71, 77, 103-5
綱引き——76
翼——84, 86-7, 111, 123
ツバメ——88
ツバメケイ——174
つまようじ——90
爪——112, 174
ディガーランド——163

202 • さくいん

ティタノボア————63
ティラノサウルス・レックス
————95-7
テディベア————91
テニス————91, 98
天気————168-9
電気————56, 155-7
電球————56, 132, 156
電子レンジ————101
天王星————94, 166
トイレ
————16, 39, 74, 76, 180
トイレットペーパー————132
トイレ番————76
トイレレース————132
洞窟————17-9, 119, 166
トカゲ————144
度胸だめし————181
毒————59, 60-1, 171, 175
とくべつな日————152-3
図書館————124-5
土星————42, 141
ドミニカ国————186
トラ————35, 51, 175
ドラゴンフィッシュ————113
鳥————14, 70, 72-3, 78, 81,
87-8, 109, 110-11,
123, 174, 175, 178
ドリアン————23
トルクメニスタン————144
泥————43

な

ナイアガラの滝————40, 181
流れ星————94
なぞ————136-7
涙————174
ナメクジ————140
南極————11, 144, 179
難破船————148

におい
————54-5, 69, 103, 140
においのカモフラージュ——53
2階建てバス————142
ニカラグア————186
虹————141
ニシオンデンザメ————48
ニシブッポウソウ————73
日本——16, 35, 132, 138
二枚貝————42
ニューヨーク公共図書館
————125
人魚の財布————49
ニンジン————100-1
沼————42-3
ネギ————100
ネコ————33-5, 95, 126,
132, 139, 191
ネパール————186-7
粘液————141
脳————55-7, 68, 89,
96, 175, 187

は

歯————49, 113
葉————82
ハーブ————150
パール（イヌ）————185
ばい菌————16
ハコクラゲ————59
ハシボソガラパゴス
フィンチ————178
バス————142
バスケットボール————91
旗————186
バター————42
ハチ————28-30
8の字ダンス————28
ハチミツ-28-9, 30, 31, 77
花————26-7, 29

花言葉————27
バナナ————46, 149-51
バナナスプリットデー——151
羽————72, 109-11, 123
パラサウロロフス————117
ハリー・ポッター————16
バルバドス島————62
パン————77
パンダ————42, 95, 164
火————144
ヒアリ————147
光るキノコ————197
ヒキガエル————170
ヒゲ————35, 90, 129, 132
飛行————84-8
飛行機————84-5, 123
ピザ————133
日の出————133
ビーバー————69
皮ふ————49-51, 53, 61,
144, 176
ヒマワリ————27
ピーマン————100
ピューレチーズ————174
氷河————41, 179
氷山————120
ひよこ————174
ピラミッド————42
ヒレ————43
フィンリー（イヌ）————91
プカオ————190
フクロウ————123
不死身のクラゲ————58
ブダイ————71
船————53, 148
プラスチック————88
ブラッケン洞窟————19
フラミンゴ————111, 113
フロストフラワー————15
ブロッコリー————26

ブロンズ —— 136
ペット —— 33
ヘビ —— 43, 53, 61-3
ベーブ・ルース —— 99
ベルサイユ宮殿 —— 78
ヘルメット —— 191
ペンギン —— 71
ヘンな形 —— 138-9
望遠鏡 —— 167
帽子 —— 190-1
放射性物質 —— 150
宝石 —— 164-5
ホエザル —— 120
ホグワーツ魔法魔術学校 —— 16
星 —— 94, 106, 166
北極 —— 11-5
ホッキョクグマ —— 14
北極点 —— 8-9
ポテトチップス —— 88-9
ホテル —— 13
ボート —— 148-9
骨 —— 95, 109, 112
ボノボ —— 82-3

お

マウナ・ケア山 —— 17
マウンテンゴリラ —— 83
マグマ —— 94
マッコウクジラ —— 89, 120
マヤ —— 42
マルハナバチ —— 28
マンチネールの木 —— 175
ミイラ —— 33, 76
味覚 —— 85, 140
ミケランジェロ —— 187

短いもの —— 184-5
水 —— 89, 94, 95, 144
湖 —— 160-1
水の雲 —— 88
ミッキーマウス —— 138
耳 —— 66, 128, 141-3
耳垢 —— 17
ミミズ —— 130-2
ミミズおびき寄せ大会 —— 130-1
ミルク —— 175
無響室 —— 122
目 —— 127, 138, 198
冥王星 —— 112-3
迷彩 —— 53
メガネザル —— 198
メガロドン —— 47
メキシコトビマメ —— 173
メタン —— 141
メトセラ —— 42
モウドクフキヤガエル —— 171
木星 —— 167
モクテスマ2世 —— 72
モグリアマガエル —— 95
モロクトカゲ —— 144
モノポリー —— 16

や

野球 —— 43, 99
夜光雲 —— 188
野菜 —— 100-1
ヤシガニ —— 112
山 —— 17, 189
雪男 —— 187
雪玉 —— 16
雪だるま — 6, 93, 182, 187

指 —— 66
UFO —— 189
夢 —— 37
ユールラッズ —— 153
ヨウム —— 81
夜 —— 127, 198-9
鎧 —— 192-3

ら

ライオン —— 35, 72, 112, 125-7, 175
ラット —— 60
リス —— 53
頭足類 —— 53
リンカーン —— 190
リンゴ —— 22
類人猿 —— 81-3
ルビー —— 165
ルブロンオオツチグモ —— 187
レイダース／失われたアーク《聖櫃》 —— 137
レインボーユーカリ —— 141
レストラン —— 37-9
レスリング —— 174
レタス —— 101
レモン —— 132
レンズ雲 —— 189
ロケット —— 120
ロバのミルク —— 114
ロボット —— 166

わ

惑星 —— 133, 165-7
綿菓子 —— 154
ワニ —— 63
笑い —— 83

商標について
「モノポリー」は、Hasbro, Inc.の商標です。「M&M's」は、Mars, Inc.の商標です。
「オリンピック」は、USOPCの商標です。「レイダース／失われたアーク《聖櫃》」は、Walt Disney Companyの商標です。
「ミッキーマウス」は、Walt Disney Companyの商標です。「ディガーランド」は、Diggerland U.S.A., LLC.の商標です。
「世界ヒゲ選手権」は、World Beard and Moustache Championships, LLC.の商標です。

探検隊の人たち

文　ケイト・ヘイル（Kate Hale）
作家、編集者、おもしろい事実探しの達人。アメリカのバージニア州アレクサンドリアを拠点に活動している。ナショナル・ジオグラフィック・キッズの元編集者。犬どうしのコミュニケーション方法から科学者の感動的な伝記まで、さまざまなテーマを編集・執筆。この本では、第1弾で書ききれなかった素晴らしい事実をすべて盛り込んだ。流れ星を見るたびに、国際宇宙ステーションから放出された宇宙飛行士のうんちなのではと考えてしまう。

絵　アンディ・スミス（Andy Smith）
受賞歴のあるイラストレーター。イギリスのロンドンにあるロイヤル・カレッジ・オブ・アートを卒業。見て楽しい手作り感のある作品を描く。この本では、ゾンビアリから野菜オーケストラまで、さらなる驚きを描いた。お気に入りは、54ページにあった映画館の香りの仕掛け「スメル・オー・ヴィジョン」。そろそろ復活していいころと思っているそうな。

デザイン　ローレンス・モートン（Lawrence Morton）
アートディレクター、デザイナー。ロンドンを拠点に活動している。この本では、みんなが迷わず探検できるよう、400の事実を点線でつないだ。凍った滝を見ると、登山靴にアイゼンをつけ、ピッケルを手にスコットランドやアルプスの山々に登った楽しい思い出がよみがえる。

訳　谷岡美佐子（たにおか・みさこ）
翻訳者。南アフリカとカナダで小中学生時代を過ごす。慶應義塾大学法学部卒業。TBS系『どうぶつ奇想天外！』などの番組制作に携わったのち出版社勤務を経て独立。訳書に『BRITANNICA BOOKS 世界おどろき探検隊！ 動物編』（実務教育出版）などがある。ネコ好き。

資料

科学者や専門家はつねに新事実を発見し、情報を更新しています。そのため、本書の制作チームは、本書に掲載されたすべてのことがらが、信頼できる複数の情報源に基づき、ブリタニカのファクトチェックチームによって検証されたことを確認しています。参照した主要ウェブサイトは次のとおりです。

報道機関

abcnews.go.com
theatlantic.com
bbc.com
bbc.co.uk
cbc.ca
cbsnews.com
cnn.com
cntraveler.com
theguardian.com
kids.nationalgeographic.com
nationalgeographic.com
nationalgeographic.org
nbcnews.com
npr.org
nytimes.com
reuters.com
sciencefocus.com
scientificamerican.com
slate.com
time.com
travelandleisure.com
washingtonpost.com
wired.com
usatoday.com
vice.com
vox.com

政府、科学、学術機関

audubon.org
academic.eb.com
britannica.com
jstor.org
loc.gov
merriam-webster.com

nature.com
nasa.gov
ncbi.nlm.nih.gov
noaa.gov
royalsocietypublishing.org
sciencedirect.com
sciencemag.org

博物館、動物園

amnh.org
animals.sandiegozoo.org
askdruniverse.wsu.edu
floridamuseum.ufl.edu
kids.sandiegozoo.org
nationalzoo.si.edu
metmuseum.org
nhm.ac.uk
ocean.si.edu
si.edu
smithsonianmag.com

大学

amnh.org
animaldiversity.org
harvard.edu
illinois.edu
stanford.edu
washington.edu

その他

akc.org
atlasobscura.com
dkfindout.com
guinnessworldrecords.com
nwf.org
pbs.org
ripleys.com
sciencedaily.com
snopes.com
worldwildlife.orgpanthera.org
space.com
worldwildlife.org
wwf.org.uk

206

画像クレジット

写真とイラストの転載を許可してくださった次の方々に感謝いたします。クレジット表記には万全を期しておりますが、誤りや漏れなどがあった場合にはお詫び申し上げ、増刷時に必要な訂正をさせていただきます。

カバー写真：by_nicholas/iStockphoto

p.2 Leblanc Catherine/Alamy; p.6 Peter Horree/Alamy; pp.8–9 Westend61/Getty Images; pp.10–11 Rawan Hussein/123rf.com; pp.12–13 golf was here/Getty Images; pp.14–15 Michael Runkel/robertharding/Getty Images; p.18 Geng Xu/500px/Getty Images; p.20 Minden Pictures/Alamy; p.23 antpkr/iStockphoto; p.24上 Pat Canova/Alamy; p.24下 Sean Gallup/Getty Images; p.29 Phichaklim2/iStockphoto; p.30 andreykuzmin/123rf.com; p.31 Reuters/Alamy; pp.32–33 Michael Ventura/Alamy; p.34 Akimasa Harada/Getty Images; pp.36–37 Tim Platt/Getty Images; pp.38–39 DieterMeyrl/Getty Images; p.43 NASA; pp.44–45 David Marano Photography/Getty Images; p.46 Andrew Whitehead/Alamy; p.49中 Daniel Timothy Allison/123rf.com; p.49下 Image Source/Alamy; pp.50–51 PicturePartners/iStockphoto; p.52 Biosphoto/Alamy; p.55 ullstein bild/Getty Images; pp.56–57 Jasmin Merdan/Getty Images; p.58 Blue Planet Archive/Alamy; p.60 Andrew Mackay/Alamy; pp.62–63 Lew Robertson/Getty Images; p.65 Antonio Guillem/Dreamstime; pp.68–69 Dominque Braud/Dembinsky Photo Associates/Alamy; p.70 Mathieu Meur/Stocktrek Images/Getty Images; p.73 wilpunt/Getty Images; p.74 Jaana Pesonen/Shutterstock; p.75 3DSculptor/iStockphoto; p.77 Jonathan Knowles/Getty Images; p.79 Image by Marie LaFauci/Getty Images; pp.80–81 Andrija Majsen/Alamy; p.82 Anip Shah/Getty Images; p.85 АндрейЕлкин/iStockphoto; pp.86–87 Sabena Jane Blackbird/Alamy; p.88 Tanes Ngamsom/iStockphoto; p.90 Atthapon Kulpakdeesingworn/Alamy; p.91 by_nicholas/iStockphoto; p.92左上 The Print Collector/Alamy; p.92右上 claudiodivizia/iStockphoto; p.93右中 claudiodivizia/iStockphoto; p.94 Willem Kolvoort/Nature Picture Library; pp.96–97 Leonello Calvetti/Getty Images; p.99 Alpha Historical/Alamy; p.100 Reuters/Alamy; p.101 jirkaejc/123rf.com; p.102 Peter Horree/Alamy; p.104 Science History Images/Alamy; pp.104–105 NASA; p.106 John Philip Harper/Getty Images; p.108 VW Pics/Getty Images; p.109 MirageC/Getty Images; p.111 anankkmi/iStockphoto; p.112 NASA; pp.114–115 Lisa Mckelvie/Getty Images; p.116 Vrabelpeter1/Dreamstime; p.118 Mint Images/Getty Images; p.119 Brad Calkins/Dreamstime; p.121 Stephen Rudolph/Dreamstime; p.122 Sueddeutsche Zeitung Photo/Alamy; pp.124–125 Hemis/Alamy; p.126 Isselee/Dreamstime; p.129 JohnnyGreig/iStockphoto; p.129 Yuri_Arcurs/iStockphoto; pp.130–131 PA Images/Alamy; p.133 David Shale/Nature Picture Library; pp.134–135 Bozena_Fulawka/iStockphoto; pp.136–137 agefotostock/Alamy; p.138 NASA; p.139 Shaun Higson/Thailand – Bangkok/Alamy; p.141 Danita Delimont/Getty Images; p.143 Bryce Flynn/Getty Images; pp.144–145 Tim Whitby/Alamy; p.146–147 SonerCdem/iStockphoto; pp.148–149 Damocean/iStockphoto; p.151 Harvey Tsoi/Getty Images; p.153左上 Milos Tasic/Dreamstime; p.153右上 Djama86/Dreamstime; p.153左中 Anke Van Wyk/Dreamstime; p.153右中 Barelkodotcom/Dreamstime; p.153左下 Primaveraar/Dreamstime; p.153右上 pepifoto/iStockphoto; p.154 Pomah/Dreamstime; pp.156–157 Vincent Marquez/EyeEm/Getty Images; p.159 Mauritius images GmbH/Alamy; pp.160–161 Westend61/Getty Images; p.162 Leblanc Catherine/Alamy; p.164 Andy Koehler/123rf.com; p.165 iermannika/iStockphoto; p.167 NASA; p.168 PaulPaladin/iStockphoto (carp); p.168 blickwinkel/Alamy (bat); p.168 Nature Photographers Ltd/Alamy (frog); pp.168–169 Isselee/Dreamstime (frogs); pp.168–169 Edd Westmacott/Alamy (trout); p.169 blickwinkel/Alamy (bat); pp.170–171 Rolf Nussbaumer Photography/Alamy; pp.172–173 pungem/iStockphoto; p.174 Bloomberg/Getty Images; p.178 Donyanedomam/iStockphoto; p.180 Daniel Milchev/Getty Images; p.184 PandorumBS/Alamy; p.185 -slav-/iStockphoto; p.186 travel4pictures/Alamy; p.187 dpa picture alliance/Alamy; pp.188–189 Arsty/iStockphoto; p.190 Paul Grace Photography Somersham/Getty Images; p.191 Mats Silvan/Getty Images; pp.192–193 Petra Tänzer/EyeEm/Getty Images; p.194 WILDLIFE GmbH/Alamy; p.197 Anna Stowe Landscapes UK/Alamy.

Return to FACTopia!: Follow the Trail of 400 More Facts
© 2022 What on Earth Publishing Ltd. and Britannica, Inc.

Britannica Books is an imprint of What on Earth Publishing,
published in collaboration with Britannica, Inc.

First published in the United Kingdom in 2022

Text copyright © 2022 What on Earth Publishing Ltd. and Britannica, Inc.
Illustrations copyright © 2022 Andy Smith
Trademark notices on page 204. Picture credits on page 207.

Japanese translation rights arranged with
THE RIGHTS SOLUTION LTD
through Japan UNI Agency, Inc., Tokyo

BRITANNICA BOOKS（ブリタニカブックス）
世界もっとおどろき探検隊！
知れば知るほどスゴイ400の事実を追え！

2024年9月10日　初版第1刷発行

著　者	ケイト・ヘイル（文）、アンディ・スミス（絵）
訳　者	谷岡美佐子（たにおかみさこ）
日本語版装幀	渡邊民人（TYPEFACE）
日本語版本文デザイン・DTP	谷関笑子（TYPEFACE）

発行人　淺井亨
発行所　株式会社実務教育出版
　　　　〒163-8671　東京都新宿区新宿1-1-12
　　　　電話　03-3355-1812（編集）
　　　　電話　03-3355-1951（販売）
　　　　振替　00160-0-78270

印刷・製本　TOPPANクロレ株式会社

©Misako Tanioka 2024　Printed in Japan
ISBN978-4-7889-0936-6　C8040

定価はカバーに表示してあります。
乱丁・落丁本は小社にておとりかえいたします。
著作権法上での例外を除き、本書の全部または一部を無断で複写、複製、転載することを禁じます。